# 工作突围

## 帮你解决90%的
## 职场问题

王征◎著

U0361529

## 内 容 提 要

初入职场，新人总是会面临各种各样的挑战：工作高不成低不就，不知该去该留；周围高手如云，如何脱颖而出获得晋升；人际关系复杂的职场江湖，怎样才能应对自如；工作效率不高，能力平平，怎样才能交付令人惊艳的工作成果……

本书作者亲历了从职场菜鸟到世界500强公司职业经理人的跃迁，文中用犀利的语言剖析职场中的各种问题，既有体系化的总结提炼，又结合了身边的实际案例，可作为职场新人常备手边的实用宝典。

本书分为七个部分，分别是外部探寻篇、自我探索篇、准备篇、实战篇、进阶篇、人际篇、职场选择篇，从32个角度详细剖析职场的点点滴滴。这本书可以帮读者更好地了解职场、深入职场，走出适合自己的职业路线。

**图书在版编目(CIP)数据**

工作突围：帮你解决90%的职场问题 / 王征著. 一北京：北京大学出版社，2020.10
ISBN 978-7-301-31499-9

Ⅰ.①工… Ⅱ.①王… Ⅲ.①成功心理一通俗读物 Ⅳ.①B848.4-49

中国版本图书馆CIP数据核字（2020）第139185号

书　　名　工作突围：帮你解决90%的职场问题
GONGZUO TUWEI: BANGNI JIEJUE 90% DE ZHICHANG WENTI

著作责任者　王　征　著
责 任 编 辑　张云静　孙　宜
标 准 书 号　ISBN 978-7-301-31499-9
出 版 发 行　北京大学出版社
地　　址　北京市海淀区成府路205 号　100871
网　　址　http://www.pup.cn　　新浪微博：@ 北京大学出版社
电 子 信 箱　pup7@ pup.cn
电　　话　邮购部 010-62752015　发行部 010-62750672　编辑部 010-62570390
印 刷 者　大厂回族自治县彩虹印刷有限公司
经 销 者　新华书店
787毫米×1092毫米　16开本　15.5印张　259千字
2020年10月第1版　2020年10月第1次印刷
印　　数　1-4000册
定　　价　49.00 元

---

# 自序

2005年12月25日，我接到了人生中的第一份工作Offer，而且对方是我心仪已久的一家知名外企，这意味着我的职业生涯即将开启。我至今都记得那天接到电话时的激动心情，以及我当时对未来踏入职场的美好憧憬。

如今15年过去了，我也经历了从职场“菜鸟”到500强外企职业经理人的蜕变。回想这15年的职业生涯，有过春风得意，也有过挫折失败，然而大部分的日子都是波澜不惊、日复一日的平淡工作。有时加班到深夜，在回家的出租车上，或者在频繁出差的飞机上，我也曾怀疑过，这么努力工作到底值不值。可是回家睡一觉后，我又仿佛将之前的辛苦劳累全然忘记了。第二天一早，在刷卡迈进公司的瞬间，我又“满血复活”了。

那些支撑我不断前行的动力是一份高工资吗？或许是吧，但绝不是全部。当我的工作成果被客户接纳、被老板认可时，我感受到了自己的价值；当我带领的团队为同一个目标努力时，当下属对我充满期待时，我感受到了肩上的责任和力量；当我在每一天平凡的工作中一点点成长进步时，我的内心是满足而充实的。在工作中认真投入的过程，就是最好的回报。

我工作的这十几年，国家的宏观形势发生了翻天覆地的变化。我见证了外企在中国从如日中天到日渐衰落的历程，也见证了不少民营企业从名不见经传到闻名于世的巨大转变。这些变化背后是无数身处其中的个体的跌宕起伏。有人顺势而为，登上了事业巅峰；也有人经历挫折后一蹶不振，或是始终默默无闻。无论是什么样的故事，只有当事人才能体会其中的酸甜苦辣。

作为旁观者或者说是见证者，我记录下他们的故事，汇集成了书中一个个生动的案例，也反思了自己这些年的职场经历，并做了整理。有很多个瞬间我都在想，如果当时再主动一些，结果会不会不一样？如果选择另一个方案，今天的我又会有何不同？细细回想时，我发现自己留下了不少遗憾。

想起初入职场时，听到公司高管演讲，被他们泰然自若、胸有成竹的气势深深打动，也曾期望未来能像他们一样成为人群中闪耀的一颗星。尽管十几年已过，我仍未得偿所愿，但所幸跌跌撞撞走来，我一直都在进步和成长。我收获了职位上的不断晋升，也获得了不少经验心得，并把其中的精华放到了本书中。本书中有不少真实的案例，能看到你我的影子；更有实用的方法技巧，能助你在职场上“升级打怪”，不断精进。

愿此书能在你迷茫困惑时为你指引前行的道路，让你重获力量，勇往直前。

**王征**

目录

# 外部探寻篇

## ——世界已变，你准备好了吗？

# 第1章 AI时代已来，你是不可替代的吗？

想象一下，某一天你听到有人敲门，开门一看，发现给你送快递的是一个萌萌的卡通机器人；你出门打车时，来了一辆无人驾驶的小车，它不仅车技好，一路上还跟你聊天，给你推荐附近的美食；你入住酒店时，在大厅接待你的是一个外表甜美可亲的机器人，它熟练地帮你办好入住手续，带你到房间，甚至连你喜欢的枕头都帮你提前选好并放在了床上……不管你有没有准备好，AI（Artificial Intelligence，人工智能）已经来到了你的身边。

现在，无人驾驶的快递小车已经活跃于大学校园里，餐厅、银行都有负责接待的机器人……AI已经逐渐渗透生活的方方面面。所以，今天还坚守在传统岗位的你，是否已开始惶恐——那些曾经熟悉的岗位真的都要消失了吗？

## ① 你的职位是不可替代的吗？

牛津大学的卡尔·弗瑞（Carl Benedikt Frey）和迈克尔·奥斯本（Michael A. Osborne）发表的《就业的未来》研究报告指出，预计到2033年，电话营销人员和保险业务员大概有99%的概率会失业，运动赛事的裁判失业的可能性是98%。其他岗位人员失业的概率为：收银员97%，厨师96%，服务员94%，律师助手94%，导游91%，面包师89%，公交车司机89%，建筑工人88%，兽医助手86%，安保人员84%，船员83%，调酒师77%，档案管理员76%，木匠72%，救生员67%。未来10年，人类将有50%的工作岗位会彻底消失，例如，流水线工人、司机、银行柜员等，AI不仅将在某些工作上替代人类，而且能比人类做得更好、更快。

在2017年人工智能峰会上，李开复曾分析道，未来15年内，即使是工程师、律师这样专业性较强的工作，也将被AI取代甚至超越。反之，像艺术家、哲学家、高级管理者等需要人类进行创意性思考、复杂性决策的职位，则很难被AI取代。

尽管有很多职位以后会彻底消失，但同样也会有很多新职位大量涌现，如虚拟空间设计师、3D打印工程师、数据工程师等。在越来越多的重复性工作逐渐被机器淘汰的时候，就需要很多建造和编码这些机器的工程技术人员和数据分析师。我们要做的就是发现这些很难被AI替代的工作，让自己具备硬本领，这样才能成为不可替代的人。

## 2 “铁饭碗”“金饭碗”的时代一去不复返

在高科技不断发展的今天，AI以迅猛之势蚕食人类的岗位，“铁饭碗”“金饭碗”的时代一去不复返了。

比如，曾经被很多人艳羡的银行柜员，由于工作稳定，待遇也好，是很多大学生梦寐以求的岗位。可如今柜员的工作慢慢被机器人、自动柜员机取代，而这些柜员也早就失去了在市场上竞争的斗志和能力，一旦离开这个稳定安逸的系统，便不知何去何从。

哪怕是风光无限的华尔街投行，也陆续在用AI技术逐步取代交易员的职位，以期效率更高，成本更低。据预测，到2025年，华尔街将有23万人被AI取代。

更不要说很多应届生曾趋之若鹜的外企白领了。当外企与本土企业在竞争中不再具备资源优势时，日益下滑的业绩背后是无数白领乃至高管被裁的境遇。

人到中年不堪重负、无法面对失业的中兴跳楼员工，哭诉36岁下岗什么都学不会的公路收费站大姐，他们的命运固然有时代发展的巨大压力使然，但令人可悲可叹的是，明明还有机会为自己翻盘，他们却自暴自弃，不愿重整旗鼓。

对现在的年轻人来说，这个时代确实没什么一劳永逸、旱涝保收的稳定工作，也没有“铁饭碗”“金饭碗”，但也提供给了年轻人更多的谋生机会和发展空间。

立志做企业的人，不必熬成“打工皇帝”再开始创业，在上大学时就可以获得创业基金，依靠自己的努力赚取第一桶金；不想去企业“仰人鼻息”的人，可以做自由职业者；有一技之长、能说会道的人，去直播平台做主播，也有机会成为财富新贵……

有人之所以惧怕变化，除了缺乏重新开始的勇气外，靠自己谋生的能力有限也是一个重要的原因。在企业里工作时，客户是别人拉来的，流程是设计好的，不同部门各有分工，只要干好自己的工作就行。而一旦离开企业的平台，就等于失去了一块“金字招牌”，更失去了周围同事的配合。这时，就要成为自己的领导者，建立自己的品牌，把自己成功销售出去。以一己之力在职场上重获新生的能力绝非一日之功，所以不能等到危机真正到来时才去培养。

## 3 这是终身学习的时代

那个下岗的公路收费站大姐曾哭诉：“我 36 岁了，我的青春都交给收费站了，现在啥也不会，没有岗位需要我，我也学不了什么东西了。”其实 30 多岁仍是工作的黄金年龄，只要不把自己命运的决定权交由他人，人生还有无数的可能。毕竟从来没有一个时代像现在这样能如此轻而易举地获取信息，学习更是异常便捷。只要是能想到的知识，不管是哪个时代、哪个国家的，都能找到合适的学习途径。

这世上比你聪明的人还比你努力，如果你再不努力去学习并掌握新技能，那么日后若被机器人抢了饭碗，也没什么好抱怨的。

相比快速学习的能力，保持时刻学习的心态更为重要。无论行业如何变化，企业业务怎么调整，都应该居安思危，时刻保持警醒，随时关注内部环境和外部环境的变化。如果有一天企业要裁员，那么只有具备学习心态和学习能力的人才有机会留下。

这就像寓言故事中所讲的，两个人在非洲遇到了狮子，开始飞奔。其中一个人想放弃，但看另一个人一直在拔足狂奔，就问他：“你跑那么快也不一定能跑赢狮子，何必费力？”另一个人回答：“我不需要跑赢狮子，只要跑赢你就行。”

从技术上来讲，单一个体确实没有办法阻挡 AI 替代某一类职位的大势，但是，如果能比别人早一点学习到他人没有的技能，更快速地掌握一门新本领，就会比他人更早地获得转换职业跑道的机会。而获取的这个新技能，往往会成为决定一个人能否继续发展的关键。

那些最早开始写文章，搭上微信公众号红利成为自媒体大 V 的人，无不是早早地抓住了新媒体发展的机遇，快速培养起自己的创作能力和写作水平，先人一步塑造了个人品牌，才有了上百万“粉丝”量和 10 万 + 阅读量。

## 4 变化才是永恒不变的真理

世界一直在变，行业和企业也在变，如果不改变自己，怎能在飞速变化的时代生存和发展？与其等着被动地去改变，不如主动迎合变化去改变自己。

如今很多企业纷纷转型，这种转型不仅是战略的转型、业务的调整，还包括文化的变化，进而对人才的能力和素质也提出了不一样的要求。回想一下，当你所在的组织发生各种变化时，你是怎样的一种心态？是焦躁不安还是坦然应对？你有没有向组织的变革方向靠拢？当企业倡导创新、鼓励新想法时，你是否还在坚守旧思路？对变化的敏锐觉察力和快速应变能力，正是组织在不断变化时所需要的核心能力。跟不上企业转型节奏的人，自然是容易被企业淘汰的人。

不知道你是否注意到，那些被预测将被 AI 取代的工作，大多是技术含量很低且缺乏创造性的工作，如服务员、工人、司机等，但是艺术工作者、人文学科（宗教、哲学、考古）研究者，以及管理者和决策者都是很难被取代的，这是因为这类工作需要人类更多的思考和创意。尤其在管理人方面，AI 固然聪明善学，可是不同文化下的人情世故，不同情况下各色人等的七情六欲，那些欲说还休、欲盖弥彰的小心思，都是机器很难学习的。

就算是机器人，也需要一个很好的指挥者，才能发挥更大的作用。因此，未来具备卓越领导能力的人必然是无法被 AI 所淘汰的。每个在职场中辛苦打拼的人，都需要一个能为他在迷途中指引方向的领导者，一个能让他死心塌地追随的领导者，而这样的领导者，是永远不会被冷冰冰的机器所替代的。

或许现在的你没有机会做领导者，但是领导力不一定要等到成为领导者才能培养。识人识己、影响他人、洞察战略，从职场中的点滴小事上有意识地锻炼自己，寻找各种途径为未来的机会做好准备，做到未雨绸缪。

AI 并不可怕，可怕的是因心怀恐惧而止步不前。只有练出不易被 AI 打败的“神功”，才能笑对未来。

# 第2章
# 什么样的人容易被职场淘汰?

没有人愿意听到公司经营不善的消息，可是偏偏有时候就会遭遇这样的不幸。当周围的同事惶恐地讨论公司裁员计划时，我们最不希望看到的就是自己被放进了被辞退的名单。

什么样的员工容易被公司辞退呢？那些与领导合不来、被领导看不顺眼的人是否一定会“躺枪”呢？其实也不一定。

容易被公司辞退的员工通常有下列三种表现。

## ① 绩效偏低，难以完成工作目标

企业不是公益机构，追逐的是利润。因此，每个公司都不想养懒人、闲人，尤其是当公司业绩下滑、财政紧张的时候。从节约成本的角度考虑，公司肯定会选择压缩人力成本的策略。为了不影响正常运转，管理层自然会选择留下能干的人，以实现用最小的成本换来最大化的产出。

衡量一个员工是否能干，除了需要对他的能力进行评估，最重要的衡量标准就是过往绩效。如果某个员工不能完成设定的绩效目标，就会被贴上不合格员工的标签。

很多公司为了激发员工的斗志，都会设定“末位淘汰制”，依据就是员工的绩效。有些公司还会要求管理者按照“721”的比例来控制公司员工的绩效结构，即公司员工里有 20% 的人是绩效优秀，70% 是绩效合格，10% 是绩效较差，以营造员工之间相互竞争、人人争先的局面，让每个员工都具有危机意识。

末位淘汰制源于美国通用电气公司（General Electric Company，简称 GE），在很多外企（如 IBM、微软等）已实行多年，国内很多先进企业（如华为、百度等）也很推崇。GE 的 CEO 杰克·韦尔奇认为，这种绩效管理办法是为 GE 带来无限活力的法宝之一，它能够充分调动企业员工的积极性、创造性，让员工产生压力感和危机意识。华为的总裁任正非也大力提倡末位淘汰制，他认为，只有淘汰不优秀的员工，才能把整个组织激活。

那些绩效不高的人，通常公司会给予他们一定的宽限期，在这个期限内观察他们的改进程度。但公司在进行大裁员的时候，自然没有那么多时间等待员工慢慢提升绩效。

一旦面临裁员，追求利润最大化的公司当然是希望提高人效，即用最少的人工产生最大的收益。而低绩效员工留在公司非但不能给公司带来任何好处，还会浪费公司资源，消耗公司的人力成本，因此在裁员时必然首当其冲。如果公司裁员时留下了低绩效员工，那么他们就会增强混日子的惰性，而且会让真正为公司做出巨大贡献的优秀员工的利益受损。从管理者的角度来讲，让低绩效员工越早离开，对公司发展越有利。

2019 年，京东的一封内部信引起了轩然大波。信中提到，公司以后将淘汰三类人。

（1）不能拼搏的人。不管他们的表现好坏、职位高低，不管他们是老员工还是主管，不管是身体原因还是家庭原因，只要不能拼就要被淘汰。

（2）不能干的人，也就是那些表现不佳的人。

（3）低性价比的人。有的人因升职、加薪或工作流动而失去性价比，这时公司就会选择成本更低的人，或者对低性价比的人降职降薪。

随后刘强东在朋友圈解释："京东最近四五年没有实施末位淘汰制，人员急剧膨胀，发号施令的人愈来愈多，干活的人愈来愈少，混日子的人更是快速增多。这样下去，京东只会逐渐被市场无情淘汰！"很多人对刘强东的做法表示非常不满，有些接受不了向来标榜温情的京东突然变得冷酷起来。虽然从情感道义上来讲，刘强东对上述三类人的划分让人很不舒服，但是往深了想，在京东危机四伏、整个互联网行业都遭遇重创的时候，通过裁员来降低企业成本，是让企业生存下去最直接的手段之一。GE、IBM、微软都实行末位淘汰制，华为也在实行末位淘汰制，凭什么京东不能？

社会就是这么残酷，比起容忍低绩效员工让企业变得越来越糟，企业主宁愿背负骂名也要让企业生存下去，要对优秀员工负责。毕竟企业最重要的目标是生存和发展，而不是让所有人开心，也不是为社会减负。

## 2 思维固化，缺乏主动学习的意识和行动

在如今变化万千的时代，很少有公司能一直维持原有的业务模式或管理思路。这意味着，保持过去的思维模式不肯改变的人，如果跟不上公司业务转型、管理转型的步伐，满足不了工作上的新要求，便容易被放进裁员名单。

比如，有的公司前几年的文化相对保守，这两年受外部影响变得激进大胆，因此要求员工斗志昂扬。确实有动作快的员工，看到公司风向已转，马上调整思路，跟上了公司的发展节奏。但是仍有一类人每天保持着“佛系”态度，以为与世无争就会岁月静好。这种总是游离在战场外、从内到外都缺乏战斗力的人，如何能跟上公司的新形势，与公司共进退呢？

再如，公司里多数人都在努力学习，研究各种新技能、新知识，期待在新的领域不断精进；而有的人每天到下班时间立刻就走，回家追剧、上网，没有一点主动学习的行动和愿望，技能陈旧、思想保守。这种缺乏学习意识的人，一旦公司对职位提出了新要求，他们就很难适应，被淘汰是迟早的事。

曾经有个约我咨询的学员，名叫妍妍，她来自三线城市，毕业后靠亲戚介绍进入某大型国企担任初级文员。妍妍毕业于普通二本院校，在专业领域没有拿得出手的本领，也没有过硬的后台，因此一直不受领导器重。她苦于无出头之日，便开始用业余时间不断学习。后来她发现网上有很多制作和美化 PPT 的课程，便报了网络课程，每天下班后学习，并把以往的工作成果拿来做练习，提交作业并获得反馈。终于，有一次给领导汇报时，当别人还在用简陋粗糙的 PPT 时，妍妍的 PPT 条理清晰、内容翔实、形式美观大方，获得了领导和同事的一致称赞，妍妍也因此给领导留下了深刻的印象。

不久后，领导便把本部门所有向上级汇报的 PPT 都交由妍妍来准备，每次妍妍都用尽心思、精益求精，连续几次获得称赞后，连公司的几位老总都知道了妍妍的 PPT 技能高超、思路清晰。后来，公司一位副总的秘书职位出现空缺，这位副总主动向妍妍的领导提出调任妍妍为秘书。

如果不是主动学习，适时展示优秀成果，妍妍恐怕很难有出头之日，更别说成为受领导赏识的人了。

## 3 动作太慢，适应变化的周期过长

既然变化是必然的，那么个人调整的速度就很重要。有些人预感到了行业变化，却错误地认为还有时间改变，结果行动太慢，还没来得及调整适应，就被放进了公司的裁员名单。

这些人也许曾经很优秀，也曾具备业内领先的技能，但是当行业大震荡来临时，却因为各种原因错过了转型的时机。行业大震荡会导致一类职位的消失和一批员工的离开，一个大部门几十号人同时被裁掉、一个大工厂突然倒闭，这类新闻已屡见不鲜。

"危机"这个词代表了危险和威胁，但也意味着新的机会。因此，只有尽早洞察变化并开始行动，才能发现隐藏于其中的机会，先人一步取得成功。

老陈是我认识多年的一个朋友，曾经担任一家传统制造行业的民企的销售经理。老陈在企业打拼十余年，好不容易奋斗到了企业中层，正是上有老、下有小的年纪，生活压力巨大。却不曾想到整个行业大势下滑，公司产品的销售自然也受到了影响。眼看着个人的销售业绩一落千丈，老陈非常焦虑。

偶然的一次机会，老陈的一个朋友邀请他给公司刚入行的销售员做销售技巧培训。由于老陈在销售领域奋战多年，实战经验丰富，加上他天生就是一个擅于讲故事的人，因此他的培训受到了极大的好评。

这次经历启发了老陈，他想到了开拓第二职业。老陈一边寻求给其他企业做培训的机会，一边把课程录制成音频放到喜马拉雅等平台上销售。借着知识付费的风口，老陈的课程竟然卖出去不少。发现市场对知识付费的需求后，老陈索性辞职开了自己的培训公司，线上课程和线下培训同步发展。凭借自己多年积累的人脉和满满的销售“干货”，一年以后，老陈的培训公司就步入了正轨，有了固定的客户和“粉丝”群体。

而老陈之前销售部的同事，虽然也感觉到了企业的危机，可是除了坐以待毙，并没有采取其他行动。一旦失业，重新找到合适工作的机会极其渺茫。

正所谓“先发者制人，后发者制于人”，一味地等待和怨天尤人并不能改变现状，只有让自己具备更多的求生技能并迅速行动，才能在大厦将倾之前找到新的跑道，重新开始。

# 第3章 如何绝处逢生，实现事业逆袭？

当今世界变化太快，昨日辉煌的企业，也许明天就因经营不善而大裁员。从2018年开始，全球便进入经济形势下行阶段，各个行业都受到了巨大冲击。在2018年、2019年的经济寒冬中，裁员的大企业数不胜数。

被裁自然是很令人难过的，就像谈了一场很投入的恋爱，后来二人之间出现了问题，不仅先说分手的那个人不是你，而且对方还不给你任何挽回的机会。

相较之下，被裁还是好的，起码可以拿到补偿金，可是有些公司是突然倒闭，员工连补偿金都拿不到……这种无处诉说的苦闷令人很难受。

很多人受不了这样的打击，更不知如何面对家人，因此一蹶不振、意志消沉，严重的甚至得了抑郁症。

那么，当这些变故突然降临时，除了抱怨命运不公，我们还能做些什么？

狄更斯在《双城记》开头说道："这是最好的时代，也是最坏的时代。"每一个时代都给了所有人同样的环境和机会，获得成功的关键在于，能及时看清这些机会和转折，并且先人一步采取行动。

## ① 调整心态，重新出发

习惯于每天忙碌工作的人，一旦不用朝九晚五地上班，就会产生慌乱不安、不知所措的负面情绪。与其在哀怨中浑浑噩噩地过日子，不妨把这段时间当作人生中的“悠长假期”，用“活在当下”的心态去珍惜和享受这难得的空闲，做一些以前想做却没有时间做的事情。同时，为下一份工作做好各种规划和准备。

身边有不少朋友都在感慨，一直没有机会做自己真正热爱的事情。大家见面时也总爱吐槽公司的种种弊病和老板的各种压榨，向往着诗和远方。可是在安逸环境中待久了，又缺乏辞职的勇气。

在最近这一波裁员大潮中，那些或主动或被动离职的人，正好有时间重新规划，获得第二次机会，实现真正的“职业理想”。

即使伟大如乔布斯，也曾被自己挖来的高管“炒”掉。乔布斯事后回忆说：

> 我当时没有觉察，但是事后证明，被苹果公司炒鱿鱼是我这辈子经历的最棒的事情。因为这让我从一个成功者重新变为一个创业者，在心态上对任何事情都不那么看重了。这让我觉得如此自由，我进入了生命中最有创造力的一个阶段。

当你不再对过去依依不舍，视野不再局限于原来的行业和公司，开始接触新鲜事物时，自然会获得新的思路，找到新的方向。

下面这些都是发生在我身边的例子。

> 做办公室文秘的伊伊，自小喜欢画画和设计。离职后她自学服装设计，做了自己的服装品牌。虽然是小众品牌，却也受到了很多文艺青年的喜爱。

> 在日企做工程师的小葵，因为热爱极限挑战，成为户外极限运动的领队。带领队员攀爬雪山的过程虽然艰辛，却让她无比兴奋。

> 在知名快消品公司担任市场总监的迪亚，为了帮助女儿顺利幼升小，于是便辞职在家专心研究儿童教育，后来成为“正面管教”的认证讲师。她还开办了针对家长的培训课程，解决了很多家长在管教孩子方面的困惑。迪亚不仅获得了很大的成就感，而且还照顾了孩子。

曾在某传统报社做编辑的梦凡，在新媒体兴起后，开办了自己的新媒体公众号，专门分享美食心得、食谱，收获了几十万“粉丝”，还有不少广告商找梦凡谈合作……

人生的转折点往往只有那么几个，职业发展更是如此。外界环境发生变化的时候，就是需要我们改变的时刻。之所以有人惶恐，归根结底是因为害怕变化带来的不确定性。这也许意味着会失业、会受挫、会失去信心，但同时也意味着新的开始、新的机会。拥抱变化、勇敢面对，才是积极的心态。

如今传统行业不再稳定安逸，新兴行业更是风高浪急，谁也不敢说自己是赶上了浪潮的幸运者。当年，诺基亚、摩托罗拉、柯达等公司是何等辉煌，没人想过他们也有没落的一天；而曾经站在风口浪尖的共享单车行业，不过短短两三年时间就经历了从巅峰到谷底……

俗话说：“男怕入错行，女怕嫁错郎。”企业没选好，大不了干几年再重新开始。但是因为行业没选对而需要转行，就需要花更多的时间重新获取行业经验，积累人脉。

在判断一个行业是否值得进入时，即使不能未卜先知，也能从很多信息当中做出初步判断。

如果对某一个行业感兴趣，那么寻找身处其中的人作为调研对象，获得第一手信息，是最有帮助的途径之一。下面这些问题能帮助我们快速判断行业目前的发展形势。

- **行业目前的发展前景如何？**
- **调研对象所在公司的业绩如何？**
- **公司目前是在招人还是在裁员？**
- **公司的人才离开后都去了哪里？**
- **公司今年有没有给员工涨薪？**
- **公司年终奖怎么样？**

所谓“一叶落而知秋”，一个行业的衰落往往是从企业裁员、缩减招聘计划开始的。一旦察觉到了这些信号，那么选择这些行业时就需要慎重。反之，如果一个行业的大多数企业都在疯狂抢夺人才，且企业业绩稳步增长，支持员工个人发展，那么至少说明这段时间内行业趋势是上行的。

## ② 踏出舒适区，开始第一步

很多人都听过“温水煮青蛙”的故事，青蛙之所以感觉不到外界水温的变化，是因为水温是一点点升起来的。这种看似缓慢的变化，带来的却是致命的危险。

在工作中“温水煮青蛙”的情况并不少见。大多时候我们都被困在自己的舒适区，以为安全地待在这个区域就能永远安逸。殊不知，长期待在这个舒适区里，容易放松警惕，失去斗志，这才是最危险的事情。

舒适区的概念最早由心理学家诺尔·迪奇提出，他将可供学习的区域分为三个，分别是舒适区、学习区、恐慌区，如图 3-1 所示。

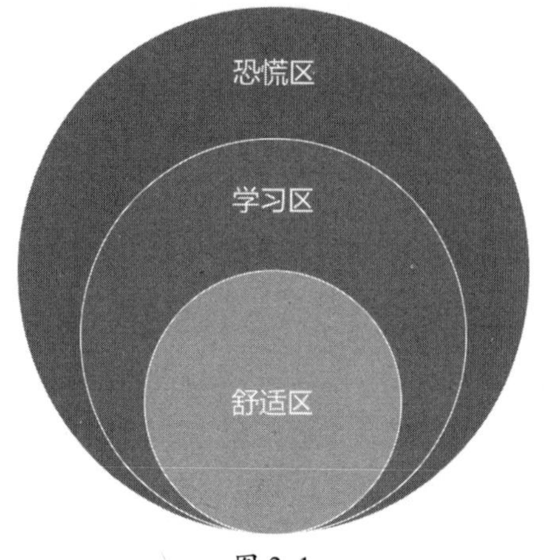


图 3-1

舒适区是我们已经习惯了的区域。在这个区域内，我们对知识体系、工作任务都非常熟悉，但由于没有新鲜事物的刺激，因此并不能让人快速进步。学习区又被称为“最优焦虑区”，比起舒适区，学习区有一定的挑战，但是难度不大，个人通过努力是可以到达的，因此在这个区域内最容易获得成长，个人学习效率也最高。对于大多数人而言，一旦进入完全陌生的领域，面临巨大的挑战时，就进入了“恐慌区”。在恐慌区，我们会有极大的焦虑感和挫败感，处于本能的自我保护状态，很多人会选择尽量远离恐慌区。

短期内我们确实可以待在舒适区安稳度日，但是一旦外界环境发生变化，对人才提出了新的要求，不能主动跳到学习区的人自然会面临较大的风险。

> 我的朋友小晴原本是国企里负责采购业务的，前些年单位效益好的时候，奖金拿了不少，日子也很舒服。但是，随着这几年单位的人事改革和业绩下滑，不少岗位都消失了。小晴如今三十出头，孩子也两岁了，不用每时每刻黏着妈妈。思来想去，本来可以留在国企慢慢熬日子的她最终决定辞职，寻找新的机会。毕竟趁着年轻，早早离开原来的舒适区，还可以快速开始，在舒适区待的时间越长，越会缺乏离开的动力和勇气。
>
> 辞职以后，小晴经过一段时间的调研，发现市场上最火的就是互联网行业，而互联网公司里面最缺的就是程序员。虽然之前并没有任何计算机基础，但她还是勇敢地去尝试了。小晴花了三个月的时间，学完了前端工程师的培训课程并拿到了认证，很快她就在一家互联网金融公司找到了一份程序员的工作。虽然周围的同事都是“90后”，上级也比自己小好几岁，工作比原来在国企辛苦好几倍，但是凭本事吃饭后，小晴获得的踏实感和自豪感却是以前的工作无法给予的。如今，离开原来的国企不到两年的时间，小晴已经是现在公司 IT 团队的小领导了。

我身边勇于跳出舒适区的人并不少，当我问他们离开舒适区的感受时，鲜有人说后悔。离开舒适区必然会经历一段时间的挣扎和痛苦，但至少是朝着更有希望的未来前进。假如不离开舒适区，那么终究会导致自己的路越走越窄，更加痛苦的事情还在后面。等到危机真正到来的时候才想要跳出舒适区重新开始，无疑会更加艰辛。

正所谓“长痛不如短痛”，不勇敢地迈出舒适区，哪来的海阔天空？

## ③ 为什么成功迟迟没来？

从发现事业存在转机到获得成功，总要经历很长一段时间，也许是一年，也许是两年，也许更久。

世界上并不缺少让人事业腾飞的机会，缺少的是在一个领域沉下心坚持去做的人。总是这山望着那山高，做什么工作都不能持之以恒的人，根本没有资格抱怨时运不济。

同时从同一所学校的工科毕业的Martin和Eason，应聘到了同一家民营企业的技术岗位。刚毕业时两人工作内容类似。

Martin踏实肯干，虚心向前辈请教学习，很快就适应了工作。虽然挣钱不多，但是他认为能学到东西，因此很珍惜这份工作。

Eason却认为技术工作钱少活儿多，总期望换到挣钱多的岗位。一年后，Eason辞职去了另一家公司做售后支持，收入涨了20%，但是需要四处出差，各种客户的问题也常令他心烦意乱，再加上他本身经验不多，因此工作中并不顺利，业绩一直在团队垫底。短短半年，Eason又放弃了销售的工作，重新找了一个公司做技术。后来他看到一个朋友利用业余时间炒股挣了不少钱，便也想挣快钱，每天上班老想着股票涨跌，心情也跟着起起伏伏，工作时无法完全专心。

就这样，毕业三年后，Eason的技术能力、工作水平还跟应届生差不多，工资也没什么涨幅。反观Martin，一直在毕业后入职的公司勤勤恳恳地工作。由于技术过硬，他已被提升为团队领导，成为公司重点培养的对象。

从上面的案例来看，为什么同一个专业毕业、各方面都相差不大的两个人，几年后的差距却越来越大？

面对同一份工作，Martin选择脚踏实地、不断精进，Eason却“身在曹营心在汉”，总是对当下的工作不满意，业绩也做不上去。拉开两人差距的正是对待工作的态度，以及对一份工作持之以恒的努力。罗马建成并非一日之功，任何工作也都不能一蹴而就。

蔡康永曾经说过一段话，很有深意：

> 15 岁觉得游泳难，放弃了游泳，到 18 岁遇到一个你喜欢的人约你去游泳，你只好说“我不会”；18 岁觉得英文难，放弃了英文，28 岁出现一个很棒但要会英文的工作，你也只好说“我不会”。

这世上最可惜的就是，机会明明就在你面前，你却因为没有准备好而白白错过了。

那些在某一领域获得杰出成就的人，无不是投入了巨大的精力和心思，并百折不挠地坚持，才由量变到质变，终有所成。

被称为继乔丹之后最伟大的球员科比，当记者问他：“你为什么能如此成功呢？”科比反问道：“你知道凌晨 4 点的洛杉矶是什么样子吗？”每天凌晨 4 点，其他人还在睡梦中时，他已经开始训练了。日复一日，从未间断，这才有了后来在篮球场上的惊人成绩。

连被世人誉为音乐天才的莫扎特也说：“我每天花 8 个小时练琴，人们却用‘天才’两个字埋没我的努力。”

村上春树每天早晨 4 点起床，开始跑步、写作，坚持了 30 多年，每次写作都坚持写五六个小时，每次写完 4000 字左右才停止。正是有了日复一日的坚持，才有了享誉世界的作品。

相比之下，那些希望借着新媒体时代一炮而红的年轻人，又有几个能持续地产出 30 年呢？偶尔写了几篇文章后就心浮气躁，看到阅读量只有几十、几百，就放弃了。这些人连写作要求的最基本的量的积累都做不到，何来引发质变，收获成功呢？

还有雄心勃勃的创业者们，企业经营了不到一年就“死掉”的数不胜数……那些坚持下来的企业，尽管也有无数次受到重创，濒临绝境，但是只要创始人能坚持下来，总会有柳暗花明的时候。

儿童知识付费领域的第一品牌“凯叔讲故事”，由中央电视台的原主持人王凯创立。他依靠在用户中良好的口碑和优质的产品，获得了市场占有率第一、“粉丝”3000多万的优异成绩，也成为投资者眼中的一匹黑马，2019年获得了5000万美元的融资。但在5年前，当王凯刚刚开始创业的时候，虽然他的产品已经在小范围内获得了良好的口碑，可是投资人却都不敢投资。王凯整整接触了80家投资机构之后，才获得了第一笔天使投资。每一次和投资人沟通的过程，都是被挑战和被质疑的过程，但是王凯和他的团队始终没有放弃，这才有了如今让千万家庭喜爱的儿童故事品牌——凯叔讲故事。

那些总是羡慕别人成功、只看到别人身上光环的人可想过，假如给你同样的情境和环境，你能否像他们一样坚持？

## 本篇 小结

时代已变，我们的思维要跟上时代的变化，要主动学习，这样才不会被时代淘汰。

决定你能在职场上长远发展的关键是，你比周围的人优秀。保持高绩效，快速适应公司和岗位的新要求，跑赢同事，这样才有机会获得成功。

万一不幸遭遇公司大裁员，要迅速调整心态，勇敢尝试新鲜事物，并且选择新的方向后要坚持到底。

## 本篇 练习

**练习一**：按照容易被职场淘汰的几种情况来评估，假如你所在的公司要裁员，你有多大的可能性被公司淘汰。

**练习二**：假如你所在的公司宣布破产，那么你打算如何开始新职业？

# 自我探索篇

## ——我是谁，我要去哪里?

# 第4章 人人都有天赋，没有人注定平凡

你是否曾有这样的疑惑——明明自己工作很努力，可为什么业绩总是不如同事?

存在这种疑惑的人，很有可能是因为没有在自己的优势领域工作。在中国，我们早已习惯了“勤能补拙”的理念，很多人对此深信不疑，认为只要努力把短板补齐就能成功。事实上，每个人都应该做自己擅长的事，而不是在不擅长的地方“死磕”。

## ① 为何找到自己的优势如此重要?

很多人都听过“木桶理论”——一个木桶的盛水量取决于它的短板。这个理论的流行，再加上“勤能补拙”的思想根深蒂固，很多人就错误地以为，个人的竞争力也是由短板决定的，于是总在调整弱势，反而没有关注自己的“长板”。以至于当被人问到“你的优势是什么”时，却答不出来。

事实上，很多人对“木桶理论”有误解。要知道，“木桶理论”诞生之初，讨论的主体是组织，而不是个人——一个组织的战斗力往往由短板决定。所以，为了弥补短板，团队领导者需要让个体发挥出自己的最大优势，从而让团队的最弱项得到提升。

著名的盖洛普咨询公司曾经研究过200万人的优势样本，得出的结论是，在工作中发挥出优势的人，敬业度比其他人高6倍，并且拥有高质量生活的可能性比

其他人高3倍。

所以，适合你的工作，首先应该是能发挥你优势的工作。优势得以发挥的感觉是，做起事情来如鱼得水、事半功倍。相反，做不擅长的工作会令人感觉非常不适应，成果也很难尽如人意。这也是为什么做同样的事情，有的人轻而易举能完成，有的人却难如登天的原因。

著名的脱口秀女王奥普拉，最早是电视台的新闻女主播。可是她每天都不快乐，后来她去做了人物访谈节目，还是不太顺利。直到后来她开始表演脱口秀，才真正发挥了她的优势，最终获得了别人无法超越的成绩。

一个人只有在真心热爱的事情上，才能坚持不懈地付出，并取得杰出的成就。假若一个人对工作总是没有激情，最有可能的原因是，这并不是能让他发挥自身优势的工作，所以才会有度日如年的感觉。

我的团队中有一个叫薇薇的姑娘，她性格活泼，喜欢社交，在与人沟通方面特别擅长，思维也比较跳跃，脑子里经常有大胆而新鲜的想法。我所在的薪酬福利部门，由于涉及大量的薪酬数据及流程管理工作，因此需要业务人员拥有严谨的逻辑和细致的分析能力。比如，需要梳理出工作的流程，找出流程中的风险点，编制大量逻辑复杂的Excel表格等。薇薇刚接触这些工作时非常兴奋，又是年轻人居多的团队，所以融入得很不错，很快便获得了极好的人缘。

但是几个月后，薇薇就像蔫儿了的茄子，她来找我谈话。

“领导，我觉得自己不适合这份工作。”

“你刚来没多久，会不会因为时间太短了，别着急下结论嘛。”

“这不是时间长短的问题。每天梳理项目流程，画流程图画得我都要‘吐’了，我怎么想都没办法把流程理顺，并找出里面的关键点。还有那些复杂的Excel，我每次填的时候都像走迷宫一样，根本理不清思路。这份工作我做得太痛苦了……”

看着她这般受摧残的模样我就知道，她的痛苦不是没有道理的。

薇薇思维跳跃，爱热闹、爱交际，而她所做的工作偏偏需要理性分析和严谨缜密的思考。每天做着自己不擅长的工作，自然不会取得什么成就。

后来我给薇薇调整了工作，让她发挥善于沟通、善于创新的特质。我让她专门负责项目沟通文件的准备，如 PPT 美化、宣传稿的撰写，以及和其他部门的沟通配合。由于新的工作是薇薇擅长的领域，因此她很快便做出了成绩。

在去年的公司年会上，薇薇还当上了晚会的主持人。大方得体的主持，幽默风趣的串场，赢得了公司高管们的交口称赞。现在，薇薇成功地转到了 HRBP（专门支持业务团队的 HR 部门），主要的工作变成了与人沟通，解决业务部门经理及员工的工作问题，这正好发挥了薇薇的优势。再见到薇薇时，她又恢复了眼里放光、神采飞扬的模样。

由此可见，当你努力了很久仍收效甚微时，不妨想一下，你的工作是你擅长的领域吗？你每天在工作中能够发挥自己的优势吗？

自我检测一下，看看你是否在自己的优势领域工作。

- **害怕去上班。**
- **与同事的消极互动比积极互动多。**
- **无法做到善待客户。**
- **跟朋友抱怨自己的公司很糟糕。**
- **日常工作没有成效。**
- **很少产生正面的能量或创意。**

如果你的大部分答案都是肯定的，那么说明你在工作中并未经常调用自己的优势。在不适合的岗位上，你再怎么努力也很难取得超越他人的成就。一个不能从事优势领域工作的人，不仅全身心投入工作的可能性会大大降低，而且还会影响个人健康和人际关系。只有把时间和精力投入自身擅长的领域，才能享受到如鱼得水的快乐和满足感，更快地脱颖而出，取得卓越成果。

## ② 打破偏见，走出误区

每个人都有属于自己的天赋和优势，为何天赋和优势不易被我们察觉呢？因为我们使用天赋的过程，就像小鱼在水中游泳一样，太过熟悉和自然，以致我们浑然不觉。

麦克利兰提出的著名的冰山模型把人的素质表现分为两个部分，如图4-1所示。水面之上的部分（如知识、技能等）是显而易见的，而水面之下的部分（如人的思维模式、个人特质、价值观等）则不易被察觉。

图4-1

例如，一个人要学会开车，就需要学习交通规则、开车的理论，这就属于知识层面的内容。而开车需要的技能——刹车、踩油门、打方向盘等，就属于技能层面的内容。一个老司机和一个新司机在知识技能上的差异是显而易见的，这就相当于水面之上的冰山部分，属于外在表现，能够被轻易察觉。

但是，每个司机的个性不同，有的性子急，爱超车；有的做事谨慎，开车慢慢悠悠的，这些属于人的个性层面，与每个司机天生的思维方式、行为模式相关，单看外表很难发现。这部分被隐藏在水面之下的冰山，是我们的天赋。它是自然而然、反复出现、可被高效利用的思维模式、感受或行为。

我们常常被“世上无难事，只怕有心人”这样的理念所误导，以为只要肯努力，就一定能成功，即使不擅长的事情也能做出成绩。很多人正是因为深信这种理念，所以终其一生都没能从事自己擅长的工作。

无论是高考填志愿，还是毕业后找工作，很多人判断的标准是，这份工作收入高不高，有没有发展前景，但对工作是否能发挥自己的优势并不关注。结果就是，一个天生对数字不敏感的人去做财务、金融相关的工作，每天都很痛苦，也难以做出成绩；一个对人际关系不敏感，很难感知他人情绪的人，去做客服、销售等与人打交道的工作，再怎么努力也业绩平平……

这世上最可悲的事情就是，明明自己是一个宝藏，具备闪闪发光的资本（优势），却一生都未能打开宝箱闪耀世人。

# 第5章 发现天赋，塑造优势

很多人一生都在思考“我是谁”“我要去哪里”这样的问题，因为对自我的认知是一辈子都需要做的功课。

可是大多时候，我们都在浑浑噩噩中度过一天又一天，对于每一天过得如何、有没有完成目标却很少思考，以致看似每天充实忙碌，回想起来却毫无成就。

还有很多人感叹：“我生来就一无所长，难道注定平庸一生？”事实上，人人都有天赋，关键是有没有把天赋挖掘出来，并让它熠熠生辉。

这里说的天赋不是指在音乐、绘画等艺术领域的天分，而是指在个人的所有思维模式、行为习惯中，使用频率最高、最容易做出成效的部分。

以典型的盖洛普公司优势体系为例，该体系把人的优势分为4个大类（执行力、影响力、建立关系、战略思维）34项，如表5-1所示。

表5-1 盖洛普优势体系

| 执行力 | 影响力 | 建立关系 | 战略思维 |
|---|---|---|---|
| 成就 | 行动 | 适应 | 分析 |
| 统筹 | 统率 | 伯乐 | 回顾 |
| 信仰 | 沟通 | 关联 | 前瞻 |
| 一致 | 竞争 | 体谅 | 理念 |
| 审慎 | 完美 | 和谐 | 搜集 |
| 纪律 | 自信 | 包容 | 思维 |

续表

| 执行力 | 影响力 | 建立关系 | 战略思维 |
| --- | --- | --- | --- |
| 专注 | 追求 | 个别 | 学习 |
| 责任 | 取悦 | 积极 | 战略 |
| 排难 | | 交往 | |

这里优势比较的范围紧紧围绕自身，是自己和自己比，找到自己擅长的领域，而不是和他人比。比如，有的人擅长分析，那么他从事与分析相关的工作就会如鱼得水、事半功倍。但是，如果把他的分析能力放到全公司来看，也许有人比他的分析能力还要突出，但这并不妨碍“分析”成为他个人的优势。

既然人人都有天赋，那么该如何发现天赋呢？

再明确一下天赋的定义——它是自然而然、反复出现、可被高效利用的思维模式、感受或行为。

## 1 用 SIGN 模型找到天赋

在分析我们在哪些方面具有天赋时，可以通过几个信号来判断，这时就要用到 SIGN 模型。

（1）S-Success（成功），是发现天赋最关键的一个信号。做同一件事情，你比别人更容易做出成果，取得的成绩也比别人好。在这件事情上你取得过极大的成功，得到过他人的认可。

（2）I-Instinct（直觉）。有的时候你会“情不自禁”地想做一件事，好似这件事对你有魔力一样，吸引着你去做。这就是出于本能和直觉。

（3）G-Growth（成长）。你做这件事情的时候会忘记时间的存在，你完全沉浸其中、专注在某一刻，你在做完这件事情之后会获得个人的成长。心理学家称这样的状态为“心流”（Flow）。

（4）N-Needs（需求）。直觉是你做这件事情之前的感受；成长是做的过程中的感受；需求则是指事情做完后的感受。从内在考虑，你总是期待做这一类事情，做完以后会有很大的满足感和成就感。

因此，如果你在做一些事情时呈现出上述 4 个特征，那它们就极有可能成为你的优势领域。

下面拿我自己的例子来介绍。

> 无论是早期的博客、MSN 主页，还是现在的微信公众号，我都会不自觉地想在上面写一些东西，不管有没有人督促，我都会把自己的想法记录下来，用文字表达出来，这就是 SIGN 模型中的 I——直觉。
>
> 我沉浸在写作中时，常常不知不觉两三个小时就过去了，这就是“心流”的感觉，也是 SIGN 当中的 G—— 成长。
>
> 我每天都期待这样的“心流”时刻，并且每次写完一篇文章后都获得了极大的快乐和满足感，这就是 SIGN 模型中的 N—— 需求。
>
> 写作这件事也很快让我看到了成绩。我的公众号文章在写了不到半年后，就有“在行”（知识技能共享平台）的编辑来找我写职场专栏，不久就有某图书策划人来邀约我写书。从这些事情上可以看出，我的写作能力和写作成果被很多人认可，这就是 SIGN 模型中的 S—— 成功。

如果将这 4 个标准合为一体，就能得出对天赋最简洁明了的定义 —— 天赋是让我们感觉自己很强大的事情，所以，只有我们自己最有资格来评定哪些是我们的天赋。

上述判断方法可以简单地评判我们在某些方面是否有天赋。从更加科学的角度来看，还有一些成熟的测评工具可以帮助我们进一步甄别，如盖洛普优势识别器、MBTI 等性格测评。

下面再介绍几种其他的方法。

## ② 向内寻找

### 方法 1：记录幸福时光

那些隐藏的天赋和潜能其实并不容易被发现。

很多人在找我咨询的时候，经常一上来就说："老师，我好像没有什么特别喜欢的事情，也不知道喜欢什么样的工作……" 又或 "老师，我没什么特长，从小到大都没什么突出的成就。"

真的没有吗？其实，看似平凡的每一天，你都在运用自己的天赋，只是你没有察觉。所以，发现天赋的第一步，要从记录看似普通的一天开始。

前文提到过，天赋有一个显著的特征，就是 Growth（成长），那些能够让你体会到心流的时刻往往就是天赋所在。

心流指在做某些事情时，那种全神贯注、投入忘我的状态。在这种状态下，甚至感觉不到时间的存在，在这件事情完成之后会有一种充满能量且非常满足的感受。这种情况通常在做自己非常喜欢、有挑战性且擅长的事情时才会出现。

我们要做的就是记录下自己每天出现心流的时刻，找出能让自己专注而高效的时刻。还有一项要记录的就是能量，尽管我们有时候也能投入地做某件事，且能获得很好的评价和反馈，但是做完后却会感到能量的巨大衰竭，这就说明这类事情并不是我们真正热爱的事情。

能做好的事情和真正热爱的事情并不能直接等同。

我的朋友 Sam 是一家 IT 公司的技术骨干，他在这家公司工作了 10 年，如今正面临事业发展的一个重要转折点。他纠结的是，应该继续留在技术岗位不断精进，成为技术领域的专家，还是向管理职位发展，从事综合管理的工作。如果选择后者，又该如何实现呢？去商学院读个 MBA（工商管理硕士）有没有用呢？

Sam 的问题代表了很多职场人士的困惑，到底该做专家型人才还是做管理者？我没有办法给 Sam 一个标准答案，但是我让他回去写未来一周的日志。理由是，回到天赋优势理论的根本，每个人都应该去做擅长的工作及能令自己全身心投入的事情，而不能依靠太多外界的评价，为了一份所谓的“世俗标准”的好工作而去做自己不擅长的事情。

这份日志的名字叫“幸福时光日志”，分别从心流和能量两个维度记录自己一天的工作，如图 5-1 所示。

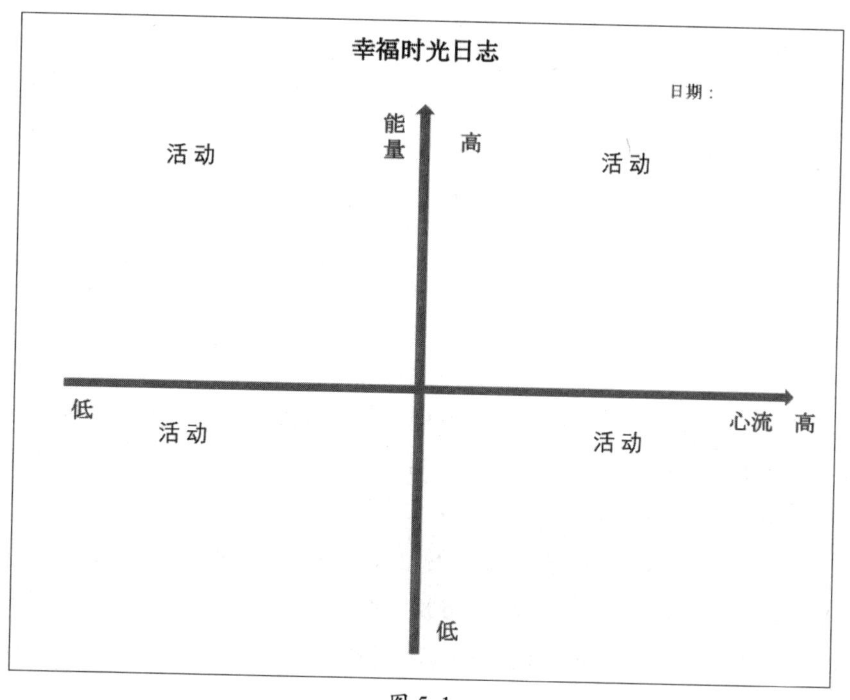


图 5-1

两周后，Sam 给我发回了他的“幸福时光日志”，并且很清晰地表示，他认为现在的科研领域更适合他，如图 5-2 所示。

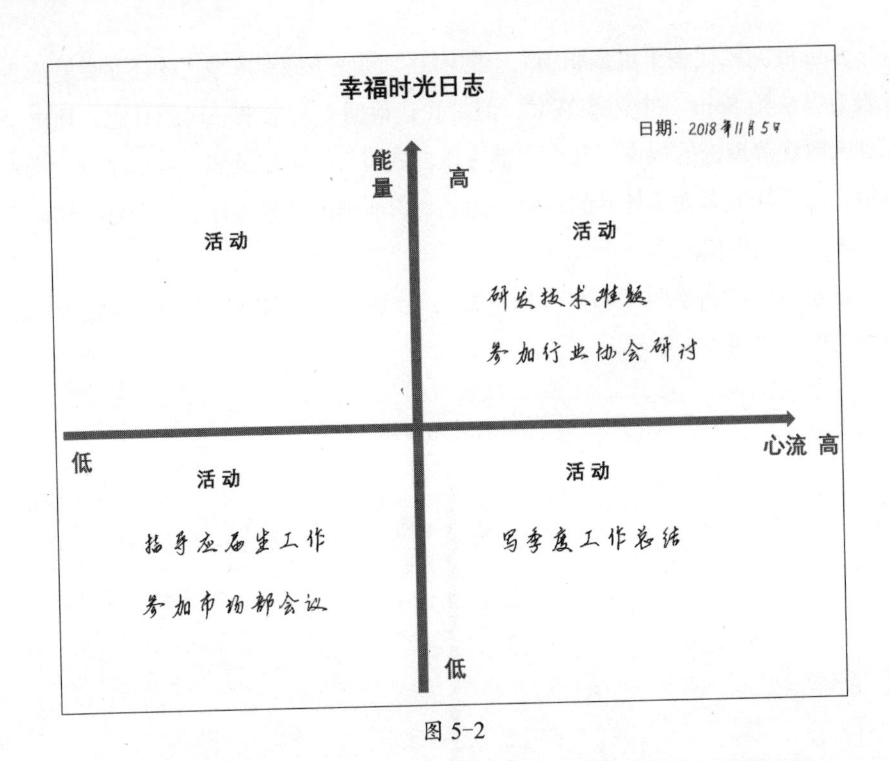


图 5-2

从上述记录可以看出，Sam 的心流和能量都比较高的时刻出现在研发技术难题、参加行业协会研讨时；而当他指导部门新来的应届生工作，以及参加市场部会议时，能量在逐步衰减；在写季度工作总结时，因为和自己的研发工作密切相关，所以 Sam 也能集中精力，但是写完之后就觉得非常疲惫，消耗了不少能量。

由此可见，Sam 喜欢钻研问题、分析思考，但是在指导他人、和其他人配合、应付客户需求方面不太擅长。而且在做这些不擅长的事情时，他感到了深深的挫败感，总是觉得精疲力竭。

正是通过这样的记录，Sam 发现自己还是对科研工作更感兴趣，做管理者只会让自己能量耗竭，并不能发挥自己的优势，所以他坚定了做技术专家的职业规划。

### 方法 2：回忆巅峰时刻

那些能够让我们发挥天赋的领域，自然会让我们记忆深刻，难以忘怀。从天赋领域的 4 个特征我们知道，总有一些时刻我们取得了杰出的成就（S），沉浸其中而不能自拔（I），感受不到时间的流逝（G），并且期待再做一次（N）。那么这些时刻就可以称为“巅峰时刻”，它能给我们带来巨大的满足感和成就感。这种感觉可以用这些词语来形容——“太爽了”“太棒了”！

正是对巅峰时刻的回顾，让我们突然顿悟：“原来我还有这样令人骄傲的时刻，原来我在这些方面容易比别人优秀。”从这些事件中就能分析出哪些方面是自己真正擅长的。

当我们回忆巅峰时刻时，会产生由衷的自豪感，甚至连自己也被这件事情深深感动。如果想到的事情平平淡淡，都不好意思跟他人分享，那么这件事就不是巅峰时刻。每个人的生命中或多或少都曾出现过让自己心潮澎湃、无比骄傲的巅峰时刻，不要小看每一点微小的进步、每一次看似平常的成就，这里面也许就蕴藏着未被发现的天赋。

在我们组织的发现优势的线下工作坊中，向他人讲述巅峰时刻是非常重要的一个环节。

当每一个人站到台前，或平静或激动地开始后，尽管讲故事的人并没有高超的演讲技巧，但是故事本身的真实性更能打动听众，大家会被那种来自内心深处的骄傲感和真情的流露所打动。很多人在讲完故事后，自己也会非常震惊，在日复一日的忙碌中，几乎都忘记了自己也曾经这般优秀过。那些讲述巅峰时刻的人，原本黯淡的眼神也会变得闪闪发光，激动时还会流下眼泪。

这里分享两个我自己听到的故事，第一个是全职妈妈美茜的。

“我是一个全职妈妈，原来一直在二线城市生活，家人和朋友圈子也都在南方的二线城市，三年前因为老公的工作变动来到了北京。平常老公上班，我一个人在家带孩子。一个偶然的机会，我成了保险销售员。家人都很不理解，认为我衣食无忧，没必要卖保险挣钱。可是我不想每天只围着孩子、老公转，我想做点自己的事情。刚开始卖保险确实很难，第一个月我什么都没卖出去，可是我没有放弃。我喜欢和不同的人接触，和他们聊天，就算没什么业绩，我也很享受交到新朋友的快乐。我发现自己很擅长与人交流，也乐于帮别人出主意。当帮助别人解决了问题时，我特别有成就感。做了这个工作后，我也不觉得那么空虚了。销售的工作很锻炼人，也成了我很重要的精神寄托。三个月之后，我终于有了客户，业务也陆续多起来了。现在我已经做了三年多的销售员，有了上百个客户和不错的收入。最让我骄傲的时刻是去年的年会上，我作为我们片区的前 50 名销售员之一上台领奖，北京区大老板亲自给我颁奖，那一刻我真的很开心。这件事情证明了我的能力，让我觉得除了在家带孩子，我也能实现自己的其他价值，我特别骄傲，也很开心。”

当美茜讲述这个故事的时候，她的眼里泪光闪闪，流露出幸福、满足的神情。台下的人也纷纷被感动了，回报了她非常热烈的掌声。

第二个是职场新人莫莫的故事。

“我在一家外企的市场部工作，负责品牌策划和创意。我大学一毕业就加入了现在任职的这家公司，从市场部的管理培训生做起。我最骄傲的事情是，去年我负责策划 ×× 苏打饼干时提出了‘健康轻食’的理念，并设计了以苏打饼干为基础的下午茶食谱，还录制了很多个不同风格的 vlog（视频博客），找了几个有影响力的‘网红’进行宣传。在我的策划下，×× 苏打饼干的销量一度成为公司旗下饼干品牌的第一名，而且话题度和搜索量也遥遥领先。本来两年的管理培训生计划，因为我表现出色，提前半年被升为了品牌经理，还作为管理培训生的优秀代表被选派到美国总部培训，这让我非常骄傲。初入职场，我并不是同一批中最能说会道的人，没想到却把握住了关键的机会，在品牌策划会中勇敢表达了自己的想法，并且全力以赴地执行了下去。这次的经历也让我坚定了从事市场营销工作的信心，我相信自己以后的职业发展会更好。”

莫莫是个“90 后”小女生，外表文静、柔弱，并不出众。可是当她走上讲台，讲述自己的巅峰时刻时，眼神坚定自信，举止大方，神态自若，一下子变得魅力四射。台下的人不禁为这个柔弱的小姑娘爆发的创造力和执行力纷纷点赞、喝彩。

上面的两个故事看似普通，可是对讲述的人来说却独一无二、意义非凡。当一个人具备某些优势特征时往往并不自知，而讲述巅峰时刻正是一个神奇的方法，能让我们对自己的优势恍然大悟。假如在实际生活中并没有在群体面前讲话的机会，那可以用写作“巅峰时刻故事”（或“最有成就的一件事”）的方法，效果也是一样的。

## ③ 寻求外部反馈

在发现自我天赋的过程中，记录幸福时光和回忆巅峰时刻都是很好的方法，不过除此之外，依然需要从外部寻求一些反馈。周哈利窗模型可以帮助我们了解寻求外部反馈的意义，如图 5-3 所示。

| | 自己知道 | 自己不知道 |
|---|---|---|
| 别人知道 | 开放我 | 盲目我 |
| 别人不知道 | 隐藏我<br>（隐私） | 未知我<br>（潜能） |

图 5-3

通过上面这个模型可以看出，我们对自我的了解是存在盲区的。自己不知道，但是别人知道的自我，就是“盲目我”。所谓的“当局者迷，旁观者清”，发现的就是这个区域。

> 我的朋友晓萌说话直率尖锐，她的优点在于看问题时总能一针见血。不过，身边的朋友没少被她挤兑，她批评起人来也毫不留情。晓萌的犀利苛刻常常自己没什么感觉，但周围的人却感受很深。

这一部分未被发现的内容，就可以通过寻求别人的反馈来获取。在这方面，有个游戏叫“求求你，表扬我”。操作起来也并不困难，让熟悉你的人（可以是朋友、家人、同事或是公司领导等）说说你有哪些事情特别擅长，有哪些事情做得特别好，最好能用简短的词语概括你的优点。然后你会发现，外界看到的你的长处和你想象的有可能并不一样。

寻求反馈的问题包括以下几个。

- **我平常做什么事情的时候最专注、最投入？**
- **我最喜欢做什么工作？**
- **我过去做什么事情做得特别好，让你印象深刻？**
- **我有什么能力是特别突出的？**

通过对这些问题的答案的挖掘，就能发现那些容易被我们忽略，但是在他人看来特别优秀的潜质。

## 4 专业测评工具

除了自我认知和他人反馈外，还可以借助专业的测评工具来加深对自己的了解。由于测评工具通常有大数据样本为基础，其结果会相对科学一些，测评的报告也会有一些通用的建议，因此能够帮助我们更好地认知自己。

权威的优势测评工具包括盖洛普优势测评、MBTI 测评、DISC 测评、VIA 测评等，价格为几百元到上千元不等，一般从测评官网直接测试更靠谱一些。

如果在测评之后依然存在疑问，希望接受更专业的辅导，那么寻找该领域认证过的教练、顾问等进行一对一咨询，就能更有针对性地解决自身的问题。而且专家还会督促你制订相应的行动计划，效果也会更好一些。

# 第6章 做自己人生的设计师

## 1 以终为始，先来做个职业规划吧

我读大学时就已经在思考并规划自己的职业方向了。那时的我羡慕出入 CBD（中央商务区）摩天大楼的外企白领们，期待有一天能像他们一样接触到最优秀的企业，出差住五星级酒店，动不动就说几句英文。现在想来，当时立志进入外企做职业经理人的规划未免有些虚荣和肤浅。可是，正是在这样的目标驱使下，我大二就学了剑桥商务英语，大三暑假就去了位于 CBD 的一家 500 强外企实习，大四时拿到了两家 500 强外企的 Offer，也算顺利实现了大学时代规划的职业目标。

如同高考填报志愿一样，第一次进行职业规划、选择第一份工作时，往往都是盲目的。我们根本没有想清楚自己到底要什么，投递简历时也都是参照他人的意见。比如，问问之前的师兄、师姐都做了什么样的工作，哪些工作薪资高，哪些公司有发展前景。至于自己是不是真的适合，反倒没花太多时间去想。

找工作就像谈恋爱，初恋时都是盲目而冲动的。谈了几次恋爱以后，对于自己和什么样的人最适合，就会更有把握一些。

不管什么时候找工作，如果没有清晰的目标，大海捞针一样地投简历，就都是在碰运气。只有在职业目标的牵引下，有的放矢地做准备，才能提高成功的概率。

正是由于我早早定下了进入 500 强外企的目标，因此我的所有行动都是围绕着这一目标开展。努力学好英语，培养外企需要的思维模式，参加外企的校园宣讲会，寻找 500 强公司的实习机会，最终才如愿斩获理想的 Offer。反观那些在大四时都还没有职业目标的同学，有不少人跟风去考研，还有一些人被家人逼着去考了公务员。至于自己毕业后到底要做什么，并没有考虑清楚。等到考研或考公务员结束，不少人发现分数不理想时才匆忙找工作，结果错失了很多好的招聘机会。

职业规划的意义就在于，能够确定职业的方向和目标，帮助自己指引未来前进的道路。哪怕最终找到的实际工作与目标略有偏离，只要大方向正确，也是可以调整的。最怕的就是没有目标，浑浑噩噩地过日子，更不知道为什么工作，未来将去何方。职业目标就像是在茫茫大海中航行时为我们指引方向的灯塔，也是我们在面对各种选择时平静内心波澜的锚。

人一生都在思考“我是谁”“我要去哪里”，职业规划就是在解答这两个问题，得出的不是唯一的结果，也不一定是标准答案，而是从无数可能中梳理出内心真正想要的东西，以此确定方向。如果职业目标是灯塔，那么如何实现就是规划航海图，明确具体路线。具体路线当然是阶段性的，并且随着时间的流逝需要不断调整，但只要灯塔一直在，至少可以确保我们在向着正确的方向行使，飘忽不定的心也可以安定下来。

在面试时，面试官经常问候选人：“你的职业规划是什么？”目的就是要求证，候选人的职业发展方向是否与公司对职位的期待一致。这个问题的答案关系着候选人能在公司待多久、有多大的可能性与公司共同发展。

可见，就算没时间考虑职业规划这件事，面试时也躲不过面试官的提问，所以，不管从哪个角度考虑，都需要认真进行职业规划。

不管是哪个面试官，都会关注候选人职业经历的连续性，一个频繁跳槽的人会被看作缺乏职业稳定性，更缺乏对工作的认真态度。

M先生30岁，曾就读于南方某知名大学生物系，25岁研究生毕业后，先在一个国企做了2年技术员，后来觉得国企太压抑，做技术员不挣钱，就转去了一家民企做销售员，结果做了1年以后发现不适合自己，又想离职。这时一个创业的朋友邀请M先生加入，负责公司的运营工作。M先生虽然对这个创业项目不太了解，但销售的工作没有起色，自己又没有其他选择，就加入了朋友的创业公司。两年后，创业公司没做起来，M先生也失去了工作。面试新工作时，HR总是以M先生的工作没有连续性、专业领域积累太少为由而拒绝他。30岁的他才恍然大悟，这5年来他来回换工作、换行业，付出了巨大的代价。现在回看一起毕业的研究生同学，不管是踏实做技术工作的，还是安心做销售工作的，都比自己混得强。

M先生的问题，归根结底就是缺乏明确的职业目标。从第一份工作开始，M先生就没有想明白自己到底要做什么，什么样的工作适合自己。通过不断换工作来尝试哪个工作更适合，听上去有一定的道理，但是要付出巨大的时间成本，以及每一次换行业带来的专业积累上的缺失。

## 2 按自己的意愿规划一生

澳大利亚女作家帮妮·韦尔有一段时间曾在医院照顾临终者，她每天都和临终者待在一起，聆听临终者的故事，并记录自己的所见所感。后来她出版了《临终前最后悔的五件事》一书。在临终者的所有遗憾当中，排名第一的就是：我当时没有勇气过自己真正想要的生活，而是活在了别人的期望中。

想必这也是现在很多年轻人的心愿吧。有多少人是按照父母和社会认定的好工作的标准，选择了自己不太喜欢的工作，一辈子活在别人的期望中，而忽视了自己内心真正的需求。很多人直到临死时，都没能从事自己真正喜欢的工作，过上内心向往的生活。

所以，做职业规划首先要想的是，自己才是自己人生电影的导演和主演，怎能按别人的意愿过一生？当你即将离开人世时，希望自己的墓志铭怎么写？希望自己的人生电影是平淡无奇的还是精彩纷呈的？当你回顾一生的时候，你会因为你想做而没做的事情留下遗憾吗？

遵从自己内心的想法，去做真正想做的事情，是做好职业规划的第一步。

规划了职业，也就规划了人生。选择了什么样的工作，对应地就选择了什么样的生活。毕竟工作占据了一天中大部分的时间和精力，其他能被支配的个人时间很有限。工作还会影响交际圈，决定了和什么样的人交往、有没有时间陪伴家人。作为自己人生的总导演，你的角色不仅是一个工作者，同时还承担了子女、配偶、父母等角色。人总是很贪心，既想事业有成，也希望家庭幸福，还想收获个人成长，同时还想有时间休闲度假。所以，设定职业目标时，不能仅仅思考职业这件事，而是要站在整个人生大局的高度来考虑。

在美国有两个年轻人，分别叫乔舒亚和瑞安，他们都成长于单亲家庭。由于自小家境贫困，他们一度以为自己追求的职业目标就是一份能挣到很多钱的工作。不到 30 岁的时候，两个人都如愿以偿地成为通信公司的高管，年薪百万，住着别墅，开着豪车，买很多奢侈品。可是他们非常焦虑，越多的物质享受越让他们空虚。他们搞不清楚是什么原因，只知道现在的工作和生活并不是他们想要的。

有一天，他们读到一个故事——有个人把自己身边的物品精简到了 288 件，随时可以打包一切；他不购买任何不必需的东西，物质生活精简到了极致。乔舒亚和瑞安从中受到了启发，于是也开始过这种极简的生活。他们把生活中不必要的东西都清理掉，集中精力和时间在最需要的事情上，如保持健康、增进人际关系等，减少对物质的欲望。不到一年时间，两个人都成功地减掉了 70 斤的体重，重拾对生活的热情，变得满足而快乐。当他们意识到极简主义给自己带来的巨大改变后，他们成了极简主义的积极推崇者。他们开通了博客，让更多的人了解极简主义并践行。后来还出版了书籍《极简主义》，该书问世后大卖，他们也由此改变了数百万人的生活。在这份事业中，他们真正找到了自己的价值和意义，这是以前百万年薪的工作都比不了的。

还有一个发生在中国的案例。

“90 后”姑娘安琪一直很喜欢画画，但是家人都不支持她走艺术路线，认为她没有这方面的天赋，更不可能依靠画画养活自己。报大学志愿时，安琪按照家人的意愿选择了外语专业。但是她并没有放弃对画画的热爱和坚持，在上大学期间，她开始创作漫画，并发表到了微博上。诙谐又可爱的校园故事吸引了很多的读者，喜欢她漫画的人越来越多，很快安琪就在微博上积累了上千万“粉丝”。

本来依靠“网红”打广告的收入已然可以让她衣食无忧，可安琪却选择了大学毕业后创业。她和几个同学做了一家漫画内容网站，让更多热爱画画的年轻人把作品发表到漫画平台上。如今安琪创立的漫画公司已经拥有了上亿用户，是国内数一数二的原创漫画平台。

很难想象，假如安琪不敢摒弃已有的社会评价标准，勇敢选择自己的道路，那么今天的她也许会从事与外贸或翻译相关的高薪工作，却终究不过是没有激情的众多打工族中的一员，何来今天引以为豪的事业？

缺乏了热情的工作，不仅让人打不起精神，更难做出成就。但如果工作时只凭借天赋和热情，而不考虑社会需要，就会像空有一个好产品却没人买单一样，起步容易却难以坚持。这也就是为何很多人都有兴趣爱好，却很难把兴趣转化成可以持续的工作。

上面两个案例中的主人公的成功都源于热爱和个人兴趣，但是他们能做成事业的原因都在于响应了市场的需求，从社会上获得了积极反馈，从而实现了个人价值。安琪选择的原创漫画市场，是现在IP时代巨大的市场需求，更是当今年轻人对精神生活的要求不断提升的一个具象表达；而推广极简主义的乔舒亚和瑞安，也是抓住了人们追求简单生活的心理，从而让书籍大卖。市场是真正的炼金石，天赋再好，没有市场的反馈和检验，即使是金子，也等不到发光的时刻。

我曾多次用封面故事法帮助前来咨询的学员找到自己的职业目标。

有位名叫阿煊的学员，大学期间学的是法律，平常热衷于社会活动，担任了学校不少社团的职务，平常同学们遇到问题了，他也常帮着出主意，是个典型的热心肠。大四找工作时，阿煊纠结于该去公检法单位做公务员，还是去律所做律师。

找我咨询时，我并没有直接让他比较两种选择孰优孰劣，而是让他采用封面故事法来想象一个场景。一想到未来有机会成为封面人物，阿煊不禁心潮澎湃。几分钟后，他描绘出了这样的场景：

“我希望三年后《法制文萃报》上出现有关我的报道，内容是我帮助某民营企业打赢了一场知识产权侵权案。案件涉及小公司告知名大企业侵权，属于以小博大，小公司力量薄弱，最终能赢官司实属不易。因为在案件中的出众表现，和敢于叫板大企业的勇气，我被选中做了专题报道。这个案件后来也被当作知识产权侵权案的经典案例，不断被人提起和引用。大家提到我的时候总是说——这个年轻律师敢于伸张正义，勇气可嘉，专业能力也很突出，前途无量。”

讲完这个故事后，阿煊突然明白了，“老师，我还是想去做律师。相比公检法机构，律师的工作能帮人解决问题、伸张正义，个人的发挥空间更大些。而且只要用心，就有机会凭借一个案件一举成名，不像公检法机构，总是论资排辈。”

后来阿煊又补充，做律师其实一直是他更倾向的选择，只是家人都说公检法职位更稳定、受尊敬，他就又犹豫起来。通过封面故事法，他一下子找到了内心最想要的答案，自此坚定了做律师的职业方向。

# 第7章 绘制个人商业画布，让理想照进现实

## ① 打造个人竞争力

假如你现在是有 500 万元现金的投资人，那么你会选择投资什么样的企业呢？

- **公司创始人说，他们还没想清楚公司以后要干什么，你会投吗？**
- **公司创始人说，还没确定未来要生产什么产品，你会投吗？**
- **公司创始人说，自己的产品很好，但是不知道该卖给谁，不确定有没有客户买单，你会投吗？**

就算你没有任何投资经验，单凭直觉判断，上面几家公司恐怕你都不会投。投资的目的是获得回报，而缺乏清晰的商业模式，连创始人自己都说不清楚怎么赚钱的公司，投资人又怎么敢把钱投进去呢？

企业存在的意义就是实现盈利，本质是要有能够满足市场需求的商业模式。企业要明晰自己的定位、有何资源、如何获取客户等核心问题，建立一整套从生产产品、寻找客户到销售推广的环环相扣的体系，还要眼光长远，有持续经营的能力，这样才能基业长青。

可以借助“个人商业画布”这个工具来厘清思路。个人商业画布（见图 7-1）的概念源于“商业模式画布”，是从商业的角度来思考如何实现人生目标，以及如何获得持续经营的能力。

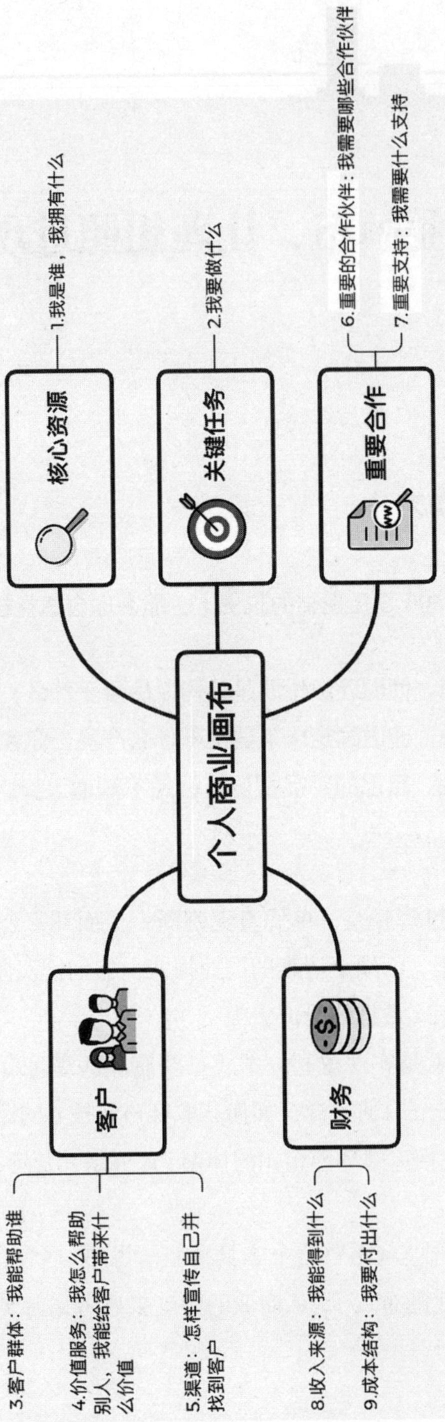

个人商业画布

核心资源
1.我是谁，我拥有什么

关键任务
2.我要做什么

重要合作
6.重要的合作伙伴：我需要哪些合作伙伴
7.重要支持：我需要什么支持

客户
3.客户群体：我能帮助谁
4.价值服务：我怎么帮助别人，我能给客户带来什么价值
5.渠道：怎样宣传自己并找到客户

财务
8.收入来源：我能得到什么
9.成本结构：我要付出什么

图 7-1

假若把个体当成一个公司所有者，那么他既需要实现稳定的回报（盈利能力），还需要经营公司的品牌，更需要能够持续产出，降低生产机器（身体和情绪）损耗速度，可谓“身兼数职”。

在个人商业画布中，核心资源就是你自己，包括你的兴趣、技能、个性及掌握的资源。同时，在确定个人商业模式时还要考虑无法量化的“软”成本（如工作压力）和“软”收益（如满足感）。

### 第一步，基于对未来目标工作的期望，画出一幅理想的商业画布

（1）核心资源——我是谁，我拥有什么。

这是绘制画布的出发点，“我是谁”包括兴趣、技能、天赋、个性等，比如，性格外向开朗、擅长逻辑思考等。“我拥有什么”代表我有什么样的资源，比如，积累了高科技行业的人脉，拥有三年以上的行业经验，等等。

核心资源至关重要，决定了你在这个“组织”中能生产出什么样的产品，能做什么样的事情。

（2）关键任务——我要做什么。

这里的关键任务只需要列出两三项，是能代表你工作特点的活动，涉及日常工作的具体内容。

比如，一个销售员的关键任务就是寻找新客户、和客户洽谈、搞定客户并顺利签单等。

在勾画个人商业画布时，这一项要填写你要为目标职业做的关键任务。要是碰到自己完全没做过的工作，怎么找关键任务呢？一个有效的方法是去招聘网站上看目标职位的招聘广告，上面通常会列出工作职责，总结概括出核心的几条就行。另一个方法是找到从事目标工作的人，向他们请教。

（3）客户群体 —— 我能帮助谁。

这里所说的客户是指那些付费给你的或者能给你带来经济回报的人。不只是购买你产品或服务的客户，还包括会影响你利益的那些关键人物。比如，你的老板、企业的内部客户和外部客户。

（4）价值服务 —— 我怎么帮助别人，我能给客户带来什么价值。

这是绘制个人商业画布时最核心的一个环节。你可以问自己两个问题："客户请我完成什么工作？完成这些工作会给客户带来哪些好处？"

这里的价值服务不同于前面的关键任务。关键任务是你要做的事情，是从自己出发；而价值服务是站在客户的角度，评估你提供的服务能给他人带去哪些影响和改变。

例如，英语同声传译的工作，把英语准确地翻译成汉语只能是关键任务，并不是给客户带去的价值。而帮助客户解决无法与外国人沟通的问题，帮助客户和不同国家的人成为生意伙伴，才是给客户带去的真正价值。

（5）渠道 —— 怎样宣传自己并找到客户。

在明确了价值服务以后，还要做相应的宣传，获得更多的客户。在互联网时代，渠道变得多种多样，如微博、微信、抖音等，只要用得好，都能宣传自己，建立个人品牌。传统的渠道，如书面宣传、面对面销售、媒体广告等，依然是有效的宣传渠道，针对不同的产品要选择不同的渠道。

（6）重要的合作伙伴 —— 我需要哪些合作伙伴。

一个好汉三个帮，离开了他人的帮助和支持，一个人的事业很难走得长远。重要合作伙伴包括工作中的同事、导师、家人、朋友等。

（7）重要支持 —— 我需要什么支持。

你需要开拓事业必备的物质支持和精神支持，比如，创业需要办公室，做讲师需要一些认证，同时，在精神上需要家人的理解和支持等。

（8）收入来源——我能得到什么。

收入来源包括物质和精神两方面，金钱方面如工资、兼职收入、股票、养老金等；精神层面包括软收益，如满足感、成就感和社会贡献等。

（9）成本结构——我要付出什么。

成本是你在工作中的付出，包括时间、精力和金钱。有些是容易衡量的硬成本，如培训费、社交费等，而有些是软成本，比如，工作时带来的压力感和失落感等精神上的消耗。

**第二步，针对个人商业画布，从中发现自己目前所处的状态和目标状态的差异，采取针对性的行动**

下面用一个案例来说明。

> 小武是一个“90后”，毕业于普通二本院校，之前在一个三线城市的教育公司负责销售工作。他认为这个工作平台太小了，三线城市发展落后，不利于年轻人快速成长，所以一直向往去北上广这样的一线城市工作，以获得更大的发展空间。于是他来找我咨询，看看如何实现职业转换。
>
> 在为小武厘清了他的职业目标后，我建议他用个人商业画布的思路，找到实现目标的路径。于是，小武绘制出了图7-2所示的个人商业画布。

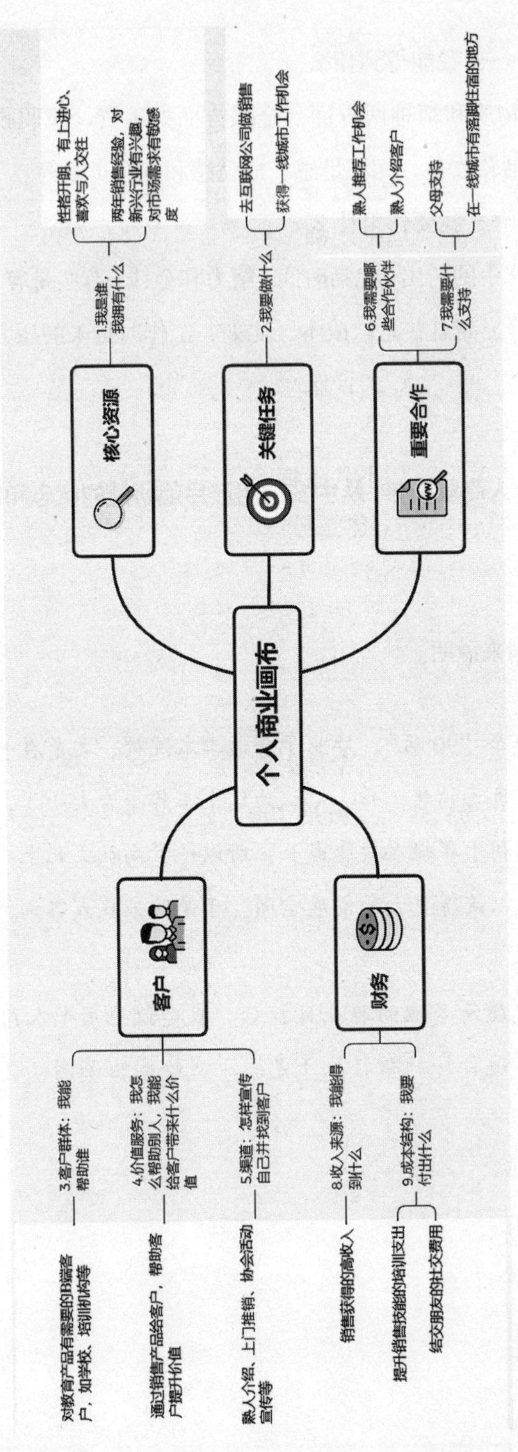
个人商业画布
核心资源
1.我是谁，我拥有什么
性格开朗、有上进心、喜欢与人交往
两年销售经验，对新兴行业有兴趣，对市场需求有敏感度
关键任务
2.我要做什么
去互联网公司做销售
获得一线城市工作机会
重要合作
6.我需要哪些合作伙伴
熟人推荐工作机会
熟人介绍客户
7.我需要什么支持
父母支持
在一线城市有落脚住宿的地方
客户
3.客户群体：我能帮助谁
对教育产品有需要的B端客户，如学校、培训机构等
4.价值服务：我怎么帮助别人，我能给客户带来什么价值
通过销售产品给客户，帮助客户提升价值
5.渠道：怎样宣传自己并找到客户
熟人介绍、上门推销、协会活动宣传等
财务
8.收入来源：我能得到什么
销售获得的高收入
9.成本结构：我要付出什么
提升销售技能的培训支出
结交朋友的社交费用

图 7-2

## ② 按图索骥，通向成功之路

有了个人商业画布以后，就可以把它当成日后前进的路线图、指南针，每当迷茫困惑时，把这张图拿出来看看，就会知道目标在哪里，正确的路径是什么。

就好比案例中的小武，当他明确了去一线城市工作的想法后，就开始在网上投递简历，寻找工作机会。可是一两个月过后，他投出去的简历都石沉大海。小武一直很苦恼，不明白原因是什么。在向我咨询后，他在绘制个人画布的过程中发现，去大城市寻找新的工作机会时，合作伙伴这一项他一直没有好好利用。小武这才恍然大悟，很多企业招聘时都是内部员工先获得招聘情报的，由内部人推荐时，被录取的机会会增大。于是，小武发挥了自己热情积极、沟通能力强的特点，跟很多在北上广工作的老乡、同学建立起联系，让他们帮忙留意招聘信息，同时向他们打听一线城市的工作环境和面对的挑战。

功夫不负有心人，在一个老乡的推荐下，小武获得了一家互联网初创企业的面试机会，并如愿获得了销售职位的 Offer。虽然公司不大，工资也不高，但互联网行业的销售员一直是小武的目标职位，有了第一份工作后，至少能在一线城市立住脚了。后来小武又通过老乡和同学的人脉获得了一些潜在客户，凭借自身的努力，小武在一线城市的第一份工作顺利开展了起来。

## 本篇 小结

无须怀疑，每个人都有属于自己的天赋优势。只有从事能够发挥自己优势的工作，才能事半功倍，有如鱼得水的感觉。

发现天赋的方法一种是向内寻找，发现自己处于心流的时刻；另一种是通过周围同事、朋友的反馈总结。

职业规划解决的是“去向何方”和“如何去”的问题，即使职业规划可能会发生变化，但它也会向海上的灯塔时刻照亮船舶行进的方向一样，照亮我们前行的道路。

## 本篇 练习

**练习一**：按照前面提出的发现天赋的方法，找到属于自己的天赋，并记录下来。

**练习二**：参考第 6 章和第 7 章提供的职业规划方法和个人商业画布模型，绘制自己的职业发展目标及实现路径。

**练习三**：设想你是自己所在公司的 CEO 和唯一的员工，然后拿出一张白纸绘制自己的个人商业画布，并分析近期你想实现的职业目标是什么？如何开展工作才能顺利实现目标？

# 准备篇

## ——如何找到一份理想的工作?

# 第8章 如何让你的简历脱颖而出？

一份好的简历，除了要条理清晰、版面整洁，还要能打动HR，让人印象深刻。简历中的信息太多，从工作经验到教育经历，洋洋洒洒数百字，很难让人一下子抓住重点，获取到有用的信息。用什么样的简历模板并不重要，关键是要让HR从简历中得到他最想要的信息，并对你的优势有初步的认识。

一份好的简历应该亮点突出、简明扼要，工作经验要诚实可信。通过下文介绍的这些方法可以达到上述要求。

## 1 写好自我评价，第一时间打动HR

很多人写简历时会忽视“自我评价”部分，总以为这部分内容是可有可无的。殊不知，这是HR直观了解候选人的第一步，写好自我评价，将影响HR的后续判断。

在自我评价中，要尽量使用描述性的语言，结合事实提炼总结，目的是展示个人的独特优势和典型特征。一般可以采用“经历总结＋个性陈述＋成就亮点”的形式。

### 经历总结

这部分要呼应目标岗位对工作经验的要求。在初筛简历时，HR最想看到的就是应聘者是否具备相关的行业经验和职位经验，在写作时应突出重点、简要总结。举例如下。

我有5年的互联网行业经验，3年的大客户销售经验和2年的区域销售经验等。

### 个性陈述

这部分呼应目标岗位对能力素质的要求，要展示自己的个性、特长、竞争优势等，从而让HR对你的个性有初步认识，在面试时引导他去关注你擅长的领域。

写作时要仔细查看岗位招聘广告，针对不同公司的要求进行优化调整，不能天马行空地随意发挥。

例如，一个要应聘财务类职位的人，在自我评价中写道："个性活泼开朗，喜欢尝试新鲜事物"，这显然不太合适。因为财务相关岗位招聘的是踏实稳重、细心严谨的人。一个经常脑洞大开，不按常理出牌，喜欢在规则之外尝试新鲜事物的人去做财务，哪个领导都不敢要。

再如，市场策划一职要求应聘者思维活跃、大胆创意、善于沟通、组织协调能力强。而有些人在自我评价中描述自己性格内向、冷静理性，这也和目标岗位的能力要求不符。

### 成就亮点

这部分需要应聘者陈述自己过往工作中的突出业绩，证明自己优秀的工作能力会带来卓越的工作成果。

此处要展示实际业绩，用事实和数字说话。工作中的获奖记录、晋升情况、绩效考核结果等，都可以写进去。例如，销售业绩连续3年都是公司前10，入职2年就被晋升为销售主管等。

假如没有拿得出手的绩效，也应找找工作中的其他亮点，并大胆秀出来。比如，取得的项目成果、内部客户和外部客户的评价、主动学习的技能等，只要能表现你的能力，都可以写进去，让个人形象生动起来，让HR记住你。

最后要提醒的是，自我评价毕竟是对个人经历和能力的总结提炼，要控制在3~4行，否则就失去了自我评价简明扼要的特性。

## ② 工作经历部分，秀出闪闪发光的你

在描写简历的主体部分“工作经历”时，很多人容易洋洋洒洒写好几页，可这并不是受 HR 欢迎的长度。通常 HR 看简历的时间不超过 30 秒，对于初入职场及工作经验不超过 5 年的人来说，1~2 页 A4 纸就足够了。

HR 看简历时比较关注的是应聘者最近一次的工作经历，前面的经历都仅作为参考，所以工作经历的呈现顺序一定要是倒序，即从最近一份工作经历开始写起，才能让 HR 在最短的时间里找到他想要的信息。

工作经历的基本目标是，说清楚工作职责、岗位价值、在公司或部门所处的位置。对职责的描述要精练清晰，摘出工作中的核心任务、关键职责来介绍，不能大事小事全往上堆。

假如不清楚工作职责该怎么写，有一个简便的方法，就是到智联招聘、拉勾等人才招聘网站搜索相关职位的招聘广告。一般情况下，同一类岗位的工作职责会非常类似，只需要照猫画虎就好。另外，不要忽视你所应聘的岗位的招聘广告，里面会直接描述工作内容。仔细研究的话，一来可以初步评估目标岗位是否与自己的兴趣、能力所匹配，二来招聘广告中对职责的描述，稍微改写便可用于简历中，但是切忌一字不改地照搬，否则 HR 会认为你太过懒惰，没有诚意。

前面提到过，在自我评价中要突出亮点。受篇幅所限，提炼出一到两个成就即可。在“工作经历”部分再用充裕的语言描述每段工作中的成就，包括取得的奖项、绩效成果、曾被内部和外部客户认可等。

此外，如果自己公司的知名度并不高，最好在“工作经历”部分的开始用一句话对公司情况做简要介绍。如公司是某细分行业国内排名前三的公司，是某知名公司的供应商，等等。对公司实力的展示，也可以从另一方面印证自己的优秀。

不管是不是团队负责人，都要在“工作经历”部分秀出自己的领导能力。带团队的，要说明管辖的下属人数；即使不直接带团队，只是曾经担任项目负责人，也一定要写上，毕竟这是很好地证明自己具备领导潜力的机会。毕竟候选人未来有没有发展潜力，也是面试官挑选人才时的重要考察内容。

## ③ “包装”简历，源于真实却不过度

每次写简历都是对自我重新认知的过程，通过对以往经历的梳理来发现自己的亮点和优势，并初步评估自己和目标岗位是否合适。

前文中提到，要对目标岗位分析了解，做到知己知彼，但这不意味着为了获得面试机会，就刻意“包装”成岗位需要的经历和能力。无论是把没有做过的工作写成是自己做过的，还是把没有获得的成绩强安在自己身上，都是违背了所有公司都看重的“诚信”原则。而且一些管理规范的公司，在员工入职前，HR 还会和候选人的前雇主联系，以验证候选人提供的信息的真假。毕竟同一行业的圈子都不大，HR 相互之间也多少有联系，稍微打听一下就能了解到候选人在其他公司的真实情况。

另一种情况是在个性能力上“包装”，这就更没必要了。非要伪装出不属于自己的能力和个性，即使勉强获得了面试资格，或者侥幸入职，日后却发现自己和岗位无法匹配，达不到岗位的要求，最后痛苦的还是自己。

Cathy 大学学的是市场营销，可她的个性偏内向，不爱热闹，甚至还有点社交恐惧，在班里不太合群，朋友也不多。大学时代同学们组织 K 歌等活动，她一概没有兴趣，有时间宁可泡在图书馆读书。毕业后，Cathy 应聘去了一家公关公司做客户执行。主要的工作就是对接客户，为客户提供在公关活动、市场活动方面的创意方案写作、活动执行等工作。这个岗位要求候选人善于人际沟通、个性开朗、有创意，但是面试官见 Cathy 出自名校，专业对口，面试时也落落大方，就录用了她。Cathy 初出校门，完全不理解公关公司的工作性质，她看重这家公司是外企，又在行业内领先，就接受了 Offer。

入职之后 Cathy 才发现，她的主要工作是和客户及公司团队沟通，更需要时时提出大胆的想法。这对 Cathy 内向的个性来说，其实很有挑战性。每次和客户打电话或面谈之前，她都要反复给自己打气，而且沟通的效果往往也不理想。三个月试用期要结束时，Cathy 不得不跟经理说明自己的情况，希望公司提供调岗的机会。经理当然也注意

到 Cathy 的个性其实并不适合对接客户，但是 Cathy 性格稳重，擅长分析，做事靠谱，这也是大家都看在眼里的。于是经理为 Cathy 申请了去市场研究部的工作，她不用面对客户，主要工作变成了研究行业形势、分析市场需求、写市场分析报告。新工作正好发挥了 Cathy 严谨细致的特长，又规避了她不善与人沟通的弱势，这下 Cathy 终于有了如鱼得水的感觉。

写简历的目的并不是盲目地投递，像大海捞针一样碰运气，而是为自己真正心仪的工作“量身定制”，并期待一击即中。因此，只有对应聘岗位进行了认真的调研了解，并认识到了自身的能力和需求，才能在简历中呈现自己和岗位的匹配性，打动 HR 以获得面试机会。

# 第9章 决胜面试，不要轻视改变命运的机会

## ① 面试前的三大准备

### 自信是面试成功的第一步

决胜面试的第一法宝，就是一定要充满信心。每一次面试都可能是改变命运的机会。吸引你的也许是心仪已久的行业领先企业，也许是职业的快速提升。既然选择了面试，就应该以“必胜”的心态积极争取。

曾经担任过IBM华南区总经理和微软中国区总经理的吴士宏被称为“打工皇后”，当年她进入IBM的经历也是一段传奇。因为学历不高，吴士宏在面试IBM的行政职位时，被问到会不会打字，在20世纪80年代的中国，吴士宏家境并不优越，从没接触过打字机的她毅然说了一句“会”，凭借着这股自信，她得到了IBM的工作机会。回家后的一个星期，吴士宏花了200块钱买了一台打字机，天天在家里练习打字，直到练得手指发麻才停手。就是这样的努力和自信，支撑着吴士宏一步步从普通行政人员一直做到了华南区的总经理。

当我自己成为面试官时，相比工作能力差不多的两个人，我更愿意选择展现出更多自信的候选人。毕竟在面对全新的工作环境和工作任务时，只有自信的人才能克服重重挑战，快速适应，不断提升自己。那些左右摇摆，拿不定主意的人，往往都是因为缺乏自信。能够一步步升职且被领导重视的人，首先是充满自信的人。他们能把当下的工作做好，更不害怕未来的挑战，面对充满挑战的工作时能斗志

昂扬。所以在面试时，不管情况怎样，都要展现出自信的一面，这样才能打动面试官。

**打造令人满意的“第一印象”**

面试时外表也很重要，因为这是给人留下第一印象的关键。不管面试什么样的公司，衣着得体、举止大方是最基本的要求。对男生来说，面试前要修剪好头发、指甲，衣服不要皱皱巴巴的，不要穿短裤，这是起码的要求。哪怕是文创类、互联网类企业，一个邋遢的人也不会给面试官留下良好的印象。对女生来说，面试时要化淡妆，衣着得体，不要穿紧身性感的服装，毕竟不是选美。在职场上，首先是得体，其次才是漂亮精致。

很多应届生找工作时都会选择正式的西服套装，这是去任何公司面试都不会出错的打扮。尤其是应届生年纪小，一脸青涩，穿上正装后会显得更为职业。等到有了几年的工作经验后，面试时的着装就可以根据不同的公司来选择了，没必要像刚毕业时一样。

在金融、咨询、法律等专业性强的领域，因为常常要面对客户，着装还是以正装为主，面试时毫无疑问需要穿正式的西服套装。女生穿西服套裙会更显气质，男生要穿套装并打领带。如果觉得黑色太沉闷，可以选灰色、深蓝等稍微跳跃点的色调，与黑色区分开来也是个不错的选择。当然，如果想稳重、大方、不出错，那么黑色西服套装、西服套裙永远是第一选择。除了面试时可以穿，以后在各种正式场合穿的机会都很多。衣服品质、剪裁要相对好一些，毕竟这是一套能帮你拿到心动 Offer 的重要装备，也是永不过时的衣服，值得投资。

除了上述这类专业性很强的公司，其他公司对着装的要求没有那么严苛。除去互联网、文创等公司外，大部分公司都可以接受商务休闲风，即男士上班可以不用打领带，穿衬衫即可，西服的款式也能选择偏休闲的风格；女士的选择范围则更广一些，除运动装、牛仔裤不被允许外，大部分衬衫、休闲服都可以。面试属于商务休闲风格的公司时，如果着一整套商务正装出现在公司，则会显得很拘谨，这时便可以选择偏休闲风的西装或高品质的衬衫。切忌穿牛仔裤、运动鞋，毕竟这样的公司对着装还是有一定要求的，穿着太随意会显得对面试不够重视。

去互联网、文创等类型的公司面试时，对着装就没有太多要求了，平常老板们上班时往往也是T恤、牛仔裤，你要是穿着西装去面试，反而显得格格不入，与互联网公司的文化气质不相符。当然，在任何场合，男生穿着短裤、凉鞋去面试，都会被认为是不合适的；女士穿吊带、迷你短裙等过于暴露的衣服也不合适。所以，一定要把握好尺度，不要触犯禁忌，这是基本的要求。

别人在不了解你的情况下，只能通过外表做初步判断。衣服所能呈现的气质状态，往往是你留给他人的第一印象。在最初的30秒内，面试官就会判断，应试者在外形气质上“像不像”他们公司的人。一个人认真的态度体现在对待他人的每一个细节上，随便参加面试的人，面试官也会随便聊聊就把人打发了。

### 面试常见问题准备

有些常规问题是面试官十有八九会问到的，提前做好准备才能有备无患。常见问题如下。

（1）自我介绍。

面试时的第一个问题往往就是自我介绍，这也是面试官快速了解候选人的必问问题之一。哪怕来不及准备其他问题，这个问题也要提前准备好。

如果在简历中写过自我评价，就可以直接把自我评价拿过来做自我介绍。自我介绍要包括个人工作经历概要、擅长哪些工作领域、个人的突出亮点等，以1~2分钟为宜，不宜讲太长时间。语言要尽量精炼概括，文字组织要有逻辑性。如果是临时口头组织，难免会思路不清，所以一定要提前多练习几遍，哪怕不写出全文，也要列出来要点。心中有数之后，就能自信坦然地面对。

（2）对目标公司和目标职位的了解。

为考察候选人对目标职位的了解，面试官通常会让候选人谈谈对面试职位的看法，这也是在面试前便能准备好答案的问题。初步了解应聘的职位时，可以查看该职位的招聘广告，浏览公司官方网站等。了解公司在行业内所处的位置时，则可以在网页上搜索该公司在行业内的排名、声誉等。如果应聘的是上市公司，通过公开的年报则能了解该公司的销售收入、利润、客户情况、人员情况等非常全面的信息。而对公司和职位的深入了解，最好是通过该公司的现任员工或前任员工，这样更容易了解到相关职位和公司的实际发展情况，避免被巧舌如簧的猎头欺骗。

我的朋友贝拉曾提起过，猎头跟她说跳槽到某知名互联网公司——A公司后，工资会提升50%。这对在行业内没什么名气的小公司职员贝拉来说，非常有吸引力。于是贝拉找到在A公司工作过的师姐打听情况，了解到A公司计划第二年上市，所以上上下下都在冲业绩，员工的工作时间几乎全部是“996”，每天晚上10点、11点下班都很正常。因为公司业绩发展快，压力大，所以工资自然比竞争对手高出一大截。可即使这样，也难免有很多人因为压力太大而纷纷跳槽。

了解到这个情况后，贝拉认为自己的事业仍处于上升期，近期也没有结婚生子的计划，所以很想把握住这个机会。于是贝拉在面试时特意提到自己不怕加班吃苦，最近几年想把精力放到事业上，希望能够和企业一起快速成长。这样的陈述果然一下子打动了面试的领导，该领导之前的下属就是因为压力太大、不愿加班才离职的。哪怕其他两位候选人的条件比贝拉还要好一点，但还是让贝拉拿到了Offer。即使压力大、强度高，可是公司平台和待遇都很令人满意，加上贝拉之前做足了心理准备，入职后也勤奋认真，于是很快适应了，迅速成为领导倚重的骨干。

（3）体现自我实力的案例。

阅人无数的面试官有着丰富的面试经验，在辨别候选人的真实能力和过往成就时，面试官常用的一招就是，让候选人讲述一个真实的案例，并针对案例不断追问。

为了应对这样的提问，准备好一个真实的案例非常重要。首先，这个案例必须是真实的，如果是编造的案例，必然禁不起面试官的百般追问。其次，这个案例要有代表性，能够反映出你个人的能力特长、在工作中取得的突出成就。最后，这个案例最好是在最近的一份工作中发生的，间隔的时间不能太久。案例的细节要提前想好，尤其是你个人在其中充当了什么角色，做了什么样的事情等，这是面试官最为关心、会反复追问的。关于怎样把具体案例讲好，后文会有一个专门的主题，在此不再赘述。

（4）离职的原因。

如果是先离职后找工作，面试官通常也会问这个问题。面试官关心的是，你从上一家公司离职的理由，会不会也成为你以后从这家公司离职的理由。下面这些离职理由是一定不能说的，以免面试官有所顾虑。

①不喜欢前老板的管理风格、和同事相处不好等，这些掺杂了很多个人情感的理由，会让面试官觉得你太情绪化，在处理人际关系方面有问题。

②因为上一家公司加班太多、工作太辛苦，这样的理由会让面试官认为你不能吃苦，工作没有担当。即使应聘的职位加班不多，面试官也不愿录用一个对工作不想投入太多，一加班就喊累，压力一大就想辞职的员工。

③嫌弃上一份工作工资太低，这个理由看似合情合理，却不适合作为离职的主要理由。因为面试官会认为动不动就因为薪资低而离职的人，只要竞争对手给的薪资高，肯定一挖就走。

④因为上班地点太远而离职，或想实现工作和生活的平衡而离职，这种理由就不要提了，没有人想招一个贪图安逸、只以家庭为重的员工，更何况公司说不准哪天就会搬家。

一个专业的职场人绝不会因为跟老板、同事闹得不愉快就离职，更不会天真到以为换了新工作就能实现“活少钱多离家近”的目标，所以回答上述理由都无法得到面试官的认可。

通用且不会被面试官挑出任何毛病的离职理由是，原来的工作不符合自己的职业发展目标，原来公司的平台太小，工作职责与自己的职业目标相差太远，工作不能发挥自己的优势，等等。这也从另一方面说明了你是个有追求、有规划的人，面试官也会认为，一个有长远目标指引的人，自然不会因为眼前的一两天加班或心情不好，就随随便便提出离职，会认为这样的人稳定性更强。

（5）你的职业发展规划。

对职业发展规划的了解，是面试官评估候选人与职位匹配度的重要指标之一。目标职位符合候选人的职业发展方向时，候选人才能在工作上有更大的动力，也更容易做得持久。所以职业规划要提前准备好，才不至于在现场被问时临时组织语言。

（6）你的优点和缺点。

很多人会说这个问题太简单了，可是要回答好也不容易，最好能结合目标职位的要求，有针对性地说出自己的优缺点，而不是千篇一律。这就要在面试前认真研究面试职位的岗位说明书、任职要求等，总结出对工作有助力的优点。

如果面试的是销售职位，善于与人沟通便是岗位必备的素质。但是面试研发类职位时，则要求逻辑清楚，善于分析，对沟通能力的要求则没那么高。金融、财务类职位则更看重细致、冷静等品质。

关于缺点的问题不得不答时，要避免和岗位必备的素质产生冲突。还以金融、财务类职位为例，如果缺点是粗心大意，则自然不匹配。这时避重就轻地谈一些对职位没有太大影响的缺点就可以了。

（7）准备一个问对方的问题。

提前准备好一个问面试官的问题，能够显示出你对这个职位的兴趣和诚意，更能加深对职位的了解。面试官让你提问时，有些问题是不适合现场提出来的，比如，“这个职位的工资是多少”。关于工资，面试官通常需要等面试结束后跟 HR 商量，由 HR 负责沟通，所以就算问了，面试官也不会直接回答。再如，“我多长时间能知道面试结果”，这个问题也是取决于公司的流程和面试人数的多少，面试官也很难给出一个准确的时间。而且大多数公司只会通知进入下一轮面试的人选和最终录用的人选，被淘汰的人员一般都不再沟通了。有可能这轮面试结束后，面试官会直接淘汰候选人，那么面试官被问到这个问题时，便会随便糊弄几句了事。

既然面试官给了提问的机会，那么除了工资的问题不方便问，自己关心的其他问题还是要提出来的。比如，岗位有没有升职的空间，公司未来的发展方向，部门和团队情况等。假如面试官没有主动介绍职位，更可以直接询问一些和工作相关的具体问题，如工作职责、绩效考核的重点、以后面对的困难和挑战等。一个问题都不提，除非是面试官对公司和岗位介绍得都很详细，否则他会认为你没有做好准备或是对面试的职位兴趣不大。

## ② 面试时怎样讲出精彩的故事

一个经验丰富的面试官，判断候选人能力时，是不会轻易相信候选人说了什么的。为了验证候选人真实的能力水平，面试官会要求应试者讲述一个证明自己能力的案例。假如你没有提前准备好，现场匆忙组织语言，则很容易缺乏逻辑，凸显不出案例的精彩。

保险起见，案例一定要提前准备，并且要按照STAR原则梳理出相应的框架，这样才不至于现场讲述时乱了阵脚。

STAR是以下四个英文单词的简写。

（1）S-Situation（情境）。讲述案例时要先介绍案例发生的情境，是在什么样的情况下发生的这件事情，有什么样的背景。

（2）T-Target（目标）。要在案例中介绍你要实现的目标是什么，如解决什么样的问题，完成什么样的任务等。

（3）A-Action（行动）。在案例中你做了什么，你的角色是什么，你是怎么解决问题并完成任务的。

（4）R-Result（结果）。最终实现了什么样的结果，有没有达到或超出原来设计的目标。

通过这样的梳理，案例会非常完整，也符合逻辑，可以取信于面试官。

小米本科学的是经济学，但是她一直热爱写作，尤其是对时尚类媒体很感兴趣，她希望应聘某时尚类公众号的新媒体运营职位。面试前，小米认真研究了目标岗位的职责要求、公众号的目标群体以及文章特点。她自认为胸有成竹，就去面试了。结果当面试官问道："你并没有运营过时尚类公众号的相关经验？怎么证明自己能胜任这个工作呢？"小米回答："我平常很关注时尚领域，对美妆、时装搭配也都很有研究。我非常喜欢这个领域，自信能把这份工作做好。"关于如何证明自己有这方面的能力，小米并没有正面回答。最后，面试官还是以小米没有相关工作经验为由拒绝了她。

苦恼的小米向我求助，作为一个职场新人，没有相关经验时怎样向面试官证明自己有相关能力呢？

用人单位在招人时，最直接的目标就是员工入职后马上能上手工作，不需要太多培训。是否具有相关的工作经验，也是在匹配候选人对工作的胜任程度时非常重要的参考指标。不过，既然用人单位接受毕业一到三年的候选人，就意味着用人单位对工作经验并不那么看重。以小米的例子来看，面试官更关注小米的能力，只是对能力不好评估，才希望小米有能够证明自己的案例。

虽然面试受挫，小米还是坚定地要从事与新媒体运营相关的工作，她开通了自己的微信公众号、微博、小红书、抖音等账号，在上面发表了自己对服装搭配、美妆的一些看法。虽然“粉丝”并没有激增，但是她认真写文章、研究搭配，收集反馈并不断改进，慢慢地，公号的阅读量便积累上万了。

不知不觉两个月过去了，又一次面试时，面对同样的问题，小米早已准备好自己运营公众号的心得体会与面试官分享。虽然这不是一份正式的工作，但借助 STAR，小米讲述了自己对时尚类公号的看法（S- 情境），自己的公众号面对哪些群体，积累了多少“粉丝”（T- 目标），自己如何策划选题，如何写作文章（A- 行动），公众号运营两个月又取得了什么样的结果（T- 结果）。面试官见小米逻辑清晰，有运营公众号的敏感度，文章风格和目标受众也与公司公众号的调性有一定的匹配度，最终录用了小米。

小米的例子告诉我们，没有经验并不代表失败，准备好案例向面试官证明自己，依然能获得翻盘的机会。

## 3 面试时如何得体地讲述“前任”

如果罗列面试中一定会被问到的问题，那么“讲讲你在上一家公司的工作”绝对会位列其中。对于这道必答题，你真的可以答得漂亮吗？

有人喜欢有一说一，却通篇讲不出一个亮点，被面试官遗忘再自然不过了。还有的人口若悬河、夸大其词，把工作成绩吹嘘得天花乱坠，殊不知根本逃不过面试官的火眼金睛。面试后自我感觉非常好，以为胜券在握，没承想收到的却是一封拒绝信。

### 充分了解职位

面试时，面试官的目标只有一个，那就是评估候选人和岗位的匹配度。所以应试者的首要任务是要让面试官用最短的时间了解你，并让面试官评测出你和岗位的匹配程度。

判断匹配度通常会包含以下几个方面。

- **候选人的经验和能力是否符合当前职位的要求。**
- **候选人的性格特质是否能与团队其他成员融合。**
- **候选人的价值观、长远规划是否与公司发展有冲突。**

（1）经验和能力的展现，要充分准备。

经验和能力项是面试官会花最多时间来考察的内容，也是决定候选人是否被录用的关键。

目标职位的要求，如经验、能力、资历等，在招聘广告中通常会写得很清楚。所以在介绍上一份工作经历的时候，要围绕当前职位需要的能力、经验来讲述，不能流水账式地平铺直叙、毫无重点。

准备面试时要认真思考这些问题：职位到底需要什么样的经验和能力？怎样在面试中展现出自己在这方面很优秀？

比如，某公司招聘项目管理职位，职位要求中明确写出，需要应聘者有较强的逻辑思维能力、风险把控能力。有位应试者之前做过与项目管理类似的工作，但由于对这个职位的认知不清晰，在面试中极力突出自己善于沟通协调、组织实施等，讲起来滔滔不绝，但是逻辑性很差，缺乏条理和对风险的思考。这样的特质与岗位要求的严谨审慎的特质还有些差距，被拒绝也毫不意外。

企业发布招聘广告时，很多时候会套用一些模板。因此，招聘广告中不一定把能力素质的具体要求描述得很清晰，这就需要应试者多花一些时间来做调研。比如，找有类似工作经验的朋友、同学，让他们讲讲自己的日常工作内容、老板看重哪些品质。再如，搜一搜类似行业、类似职位的招聘广告，然后总结提炼。

在面试过程中，面试官最失望的就是，当他问候选人“你对我们的公司了解吗？”“你知道这份工作主要是做什么吗”时，候选人要么一无所知，要么答得风马牛不相及，让面试官哭笑不得，印象分自然会大打折扣。毕竟在准备面试时不够认真的人，以后也很难对工作有认真的态度。

相反，对面试职位充分调研的人，能够向面试官大大方方地说出自己对行业和职位的理解，哪怕信息不完全正确，也会博得面试官的好感。至少给面试官的感觉是，应试者对这份工作很重视。这些都是面试官衡量能否录用一个员工的考虑因素之一。

（2）风格很难改变，做自己。

对于面试官计划考察的候选人的风格特质、价值观等，是一个人形成的固定风格，很难提前准备。如果事先对目标公司的企业文化、团队风格有所了解，则可以先自我评估。而事先不能获取这些信息也没有关系，对于个性、价值观、行事风格的部分，不必刻意伪装，做自己就好了。毕竟文化风格是否匹配，是表演不出来的。

面试官即使被应试者“表演”的风格所迷惑，可日后应试者和团队很难融合，与公司的文化格格不入时，真正难受的反而是应试者自己。

### 不抱怨，善待“前任”

谈到上一份工作时，有些雷区一定不要踩。比如，对前任公司（老板）发牢骚就万万要不得。

有些人会在面试中吐槽对上一家公司的各种不满，比如，“我的老板对我很苛刻”“公司文化不太好”“同事们总是排挤我”等。这些负面评价一旦表露，马上就会降低面试官对你的好感。面试官会想当然地推测——今天你当着别家公司的面揭露上家公司的丑事，抹黑前老板，那么改天你也会抹黑我们的公司。这样“口风不严”又戾气很重的人，是面试官不愿看到的，能力再高也会被面试官拒绝。

所以，就算对上一份工作有一万个不满意，也不要在面试时带有任何情绪。毕竟上一家公司保你养家糊口，前老板于你也有提携之恩，即使心有不满，也不必恶言相向。

万一真有面试官问：“你对上一份工作有什么不太满意的地方吗？”这时也别

急着抱怨，以免掉入面试官挖的坑里。除去谈论前公司的员工食堂太差等无法改变的事实外，还可以客观地指出上家公司在诸如内部管理、流程设计、人才发展等“对事不对人”方面的问题，不要掺杂任何个人情绪。让面试官了解到你善于总结思考。如果还能提出几条建设性意见，面试官对你的好感度会更高。

当然，大家不要从一个极端掉到另一个极端，当被问到上述问题时，不但没有指出任何问题，反而大力夸奖起前公司，会让面试官感觉你很违心。说得太感恩戴德了，又会让面试官认为你还没有下定决心，彻底与“前任”“分手”。

与过去告别，也意味着新的开始。你对待“前任”的态度，会直接影响“现任”对你的看法。客观评价过往，并常怀感恩之心，会更容易被未来的新老板信任并接纳。靠吹嘘自己、贬低他人的手段勉强通过面试的人，终经不起时间的检验。

# 第 10 章 找到好工作，更要谈出一个好 Offer

找我咨询的人在得知我有 10 多年薪酬领域的工作经验后，几乎都会问我：“怎样才能谈出一个好 Offer？”

有的人经过层层面试，好不容易获得 offer，却因为后续没谈妥，就白白错失了机会。在我看来，谈出一个满意的 Offer 并不容易，其中大有深意。

## 1 Offer 可谈空间有多大?

管理规范的公司都会有清晰的薪酬架构等薪酬管理制度，这是公司对所有职位定薪的依据。薪酬架构包括不同职位的薪酬构成和薪酬范围，此外，薪酬管理制度还会规定薪酬制定策略、调薪办法、定薪流程等。

在选择要不要接受 Offer 时，什么才是接受 Offer 的关键因素？难道工资低就一定不值得去吗？谈 Offer 时有哪些容易被忽视的坑……

由于校园招聘和社会招聘属于完全不同的体系，因此在此分开来讲。

### 校园招聘，标准统一，几乎没有谈判空间

大公司校园招聘的时间表和流程都非常固定，通常在开始校园招聘之前，公司就已经做完了多家竞争对手的情报收集、市场调研等，然后才确定 Offer 标准。这个标准针对不同的职位基本是固定数值，只是按照学历、一线二线城市略有差距。

比如，硕士生比本科生多出几百元到一千元。但由于大家的工作职责类似，因此按照“以岗定薪”的策略，即使学历有差异、地域不同，薪酬也没有太大差异。

以典型的四大会计师事务所为例，2018 年校园招聘中，四家公司对本科生的月薪定位是一样的——8250 元，固定 13 个月；而硕士生的月薪多出 1000 元。不分专业，只要接受了这份工作，就是一个薪资标准，没有任何可谈判的空间。

这样的情形适用于绝大多数校园招聘。和社会招聘的人才不同，应届生的工作能力没有相应的事实依据佐证，学历和背景虽然有 211、985 等区别，但是在实际工作中往往也体现不出名校的太多优势。

从校园招聘的市场供需来看，供给远大于需求，尤其是一些名企，应聘的大学生数不胜数，大家都以进入名企为荣，哪怕有时工资不太理想，也愿意加入。所以，企业牢牢占据着校园招聘的主动权，根本无须支付太高的薪酬就能获得优秀人才。

那么，校园招聘会不会给个别人开绿灯，允许薪资上浮呢？在绝大多数企业中是不会的，这也是为了保证政策的公平性。当然，如果遇到特别优秀的应届生，企业为了挽留，也会制定一些特殊的吸引政策。比如，除了工资以外，额外给一笔一次性奖金作为激励，体现对特殊人才的照顾。像一些企业会给 Sign on bonus（签署奖金），只要签完 Offer 就能额外领到几千元甚至上万元，作为对特殊人才的吸引和激励。

现在各大公司的校园招聘工资都很透明，在网上搜索，或者找之前的师兄师姐问一问就能了解到。鉴于校园招聘的工资没什么可谈判空间，在面试时就不要问“你们的工资标准是多少”这样的问题了，问了也是白问，还显得你没事先做好功课。

与大公司不同，一些小公司、创业公司的校园招聘会少一些限制。由于小公司规模小、不稳定，不如大公司容易吸引优秀人才，所以小公司在薪资上会留有较大的灵活度，以此吸引优秀应届生加入。

但小公司的内部管理往往不太规范。因此，面试小公司时一定要问清楚，五险一金是否会给员工缴纳，基数和比例怎么计算，除了固定工资外，浮动工资（绩效奖金、年终奖）等怎么计算，以及还有没有其他的福利。

我的学员小优曾在小公司任职过。入职时 HR 说，每个月工资是 6000 元，月固定工资为 4000 元，剩下 2000 元是绩效奖金。干得好的话，绩效奖金可能有 3000~4000 元，年底还有业绩分红，公司还提供住房补贴、带薪休假等。小优被 HR 说动，便入职了。谁知道进公司后才发现，小公司效益很不稳定，管理也不规范，绩效奖金发放评定全看老板心意，公司业务更是时好时坏。而且绩效奖金是季度发放，如果中途离职，则该季度奖金就一分钱也没有。所以，小优的工资标准看似是 6000 元，但实际算下来每个月平均仅有 4500 元。至于住房补贴、带薪休假等福利，则要入职满一年后才能享有。

没到半年的时间，小优就离开了这家小公司，跳槽去了一个每月固定工资 5000 元的大公司，看上去工资减少了，但是实际拿到的却比之前任职的小公司要多，还不用担心公司出现拖欠工资的情况，小优心里踏实了很多。

### 社会招聘，拨开迷雾看到真相

社会招聘的套路更多一些，这时一定要擦亮双眼，仔细辨别。有时猎头会说得天花乱坠，谈到 Total Package（总体薪酬）时，会给出一个听上去很高的数字。这时要仔细辨别总体薪酬都包括什么，避免掉入概念不清的陷阱。

（1）股票期权。

和之前的薪酬比较时，不能简单地用总数和总数相比。相对靠谱的是比较固定工资，这是旱涝保收的稳定收入，最简单直接地反映岗位价值。现在很多公司招人时都拿总体薪酬说事，但总体薪酬里往往包含很大一部分的长期激励，如股票期权等，看上去总数很高，却不一定都能拿到手。

因为股票期权等在兑现时通常有一定的限制条件，而且会分不同的时期授予。比如，有的猎头说给你的股票期权价值 100 万元，那你一定要问，这个股票给予的条件是什么，需要分几年授予，到手后能不能随时售卖，等等，然后折算成每年的收益，才能算出具体的薪酬数字。

朋友Lee跳槽时在一家上市公司就遇到这样的情况。号称年薪百万元的工资，其中固定工资只有40万元，其他的都属于限制性股权。首先，他完成一年的业绩目标时，才能获得约定的股权。股权一旦到手，又有4年的授予期，每年只能拿到25%，而到手的股权如果售卖，则又有1年的锁定期。即使能在公司待满5年，平摊下来每年的股票收入也不过30万元左右。加上最近股市行情不好，公司股票价格不稳定，实际价值会再打一些折扣。算清楚这个，Lee就明白猎头给他的Offer水分太大。因此谈Offer的时候他重点在于把固定工资谈上去。最后，在他的反复争取下，把固定工资谈到了60万元，降低了股权的占比。Lee认为经济形势不好时，这是更稳妥的做法。按他的话说，"谁知道我会不会3年后就离职呢，拿到手里的钱才最靠谱，落袋为安嘛"。

（2）工作量和工作强度。

没有事先对工作量和工作强度进行了解，看上去涨了30%的月薪就会成为一纸谎言。试想一下，如果工作强度大大增强，工作时间从以前的每天8个小时变成了每天12个小时，还没有加班费，虽然月薪比之前涨了30%，但是按实际工作时间折算后，小时工资反倒降低了。这么算下来，就是亏本的买卖。

不过猎头在聊工作时都是挑好的说，往往避重就轻，不会聊工作量的问题。而面试时，老板为了吸引人才，也会对工作量进行粉饰，或者避而不谈，真实情况只有进公司后才能真正了解。不想听天由命的话，一定要在接受Offer之前找到了解公司情况的熟人朋友，打听下工作强度等。了解真相后，如果觉得工作量在可接受的范围，再接受Offer。

千万别因为看着工资涨了很多，就脑袋一热说了Yes。看上去月薪10000元的工资，却要求每周连续6天上班，天天工作到晚上9点以后，算下来Hourly Pay（时薪）和月薪8000元但每天工作8个小时相比反倒降低了，这笔账可一定要算清楚。当然，如果工作平台比以前大大提升，又是自己喜欢的工作内容，那就另当别论了。

（3）发展空间。

不排除有人换工作是想找个跳板，单纯为了涨工资。但是，每次换工作也是有机会成本的。因此，接受 Offer 之前，务必多了解该职位在部门和公司内的定位，未来发展空间如何。比如，同样是企业内部的 HR，有的公司会将其定义为纯粹对业务部门的支持服务职能，有的公司就会赋予 HR 很大的权利。在这两种类型的企业工作，个人能够锻炼提升的能力素质显然有很大差别，对应的发展空间也会不同。

要避免这一信息的不对称，一定要在面试时多和老板聊聊职位未来的发展空间，也要问问关于其他同事过去升职的案例。

面试时可以问下列问题。

- **这个职位未来的发展路径是什么样的？**
- **这个职位如果能晋升，有什么要求？**
- **这个职位之前的任职者去哪里了？是升职了还是离开了？（通过这个问题，可以了解到职位在内部和外部的受重视程度。待面试官回答后，还可以继续追问，了解之前任职者的工作表现及为何会得到晋升。）**
- **部门里其他岗位及其分工是怎样的？这些同事是新来的还是老同事？**

（4）老板！老板！老板！重要的事情讲三遍！

面试时一定会和日后的直接上级面谈，除了要了解公司情况、工作内容，一定要挖一挖直接上级的职业经历、做事风格、用人偏好等。毕竟他是以后工作中要朝夕相处的人，更是决定自己日后能否升迁的关键人物。如果直接上级不是你认为值得尊敬和追随的人，那么勉强入职也会产生各种矛盾。

所以，面试前一定要准备几个问直接上级的问题。

- **你在这家公司的职业发展经历是怎样的？**
- **这家公司最吸引你的是什么？**
- **你直接管理的团队包括什么职位，大家是怎么分工的？团队工作的氛围怎么样？**

有句话是，“一个人离职往往是因为他的上级”，其实很有道理。如果上级没能及时洞察下属离职的苗头，也未帮下属及时解决工作中出现的问题，无论是下属想涨薪还是想升职，都从未觉察到，这难道不是上级的失职吗？下属离职的时候往往会碍于面子，不会讲是因为上级才走的。一个好的上级，会在下属刚动了离职的念头时，就用各种方法把这种念头扼杀在萌芽状态。

我的闺蜜青青进入互联网公司——M公司时已经30岁，正和男朋友谈婚论嫁。M公司发展前景大好，正在做上市的最后准备。市场营销的工作也是青青喜欢且擅长的，没想到新老板是个工作狂外加完美主义者，风格非常严厉激进，青青老被要求加班不说，提交的方案只要有一点问题就会被老板退回来要求重做，还被责令必须当天改完。刚入职一个月，青青就面色蜡黄，天天大黑眼圈，一脸憔悴。一见到我就开始诉苦：“这工作完全没法谈恋爱，天天战战兢兢的，再熬下去我都成黄脸婆了。真是后悔当初没有打听老板的风格，搞得现在苦不堪言，进退两难。”

前不久青青告诉我，纠结了很久，她还是狠心辞职了，加入了一家小公司。虽然工资待遇不如原来的公司，但是工作强度相对较低，压力也小一些，正好符合她近期结婚生子的计划。

## 2 Offer怎么谈才不吃亏？

知道Offer能不能谈，有没有谈判空间，是谈Offer的第一步。接下来就是谈Offer的方法了。

### 知己知彼，充分准备

前文提到要做好对目标公司的一系列调查，比如，了解目标公司的发展前景、职位发展规划、工作强度、老板风格等。这些背景信息都有可能成为谈判的筹码，因此在谈 Offer 之前务必提前了解。

但凡有过工作经验的人，都可以通过下面两种渠道找到目标职位的薪酬参考。

①从公开的场合，如招聘媒体上，先找目标公司的职位招聘广告，以及类似职位的招聘广告，这里面有很多有用的信息。不仅有关于岗位职责的介绍，还包括对任职者的要求，以及企业能为此提供的薪资范围。哪怕岗位介绍是通用的职位模板，跟具体工作职责有些出入，但其公布的薪资范围与实际情况也不会相差太大。一定要在面试前认真阅读招聘广告。

面试官在面试时一般会问："你了解要应聘的职位吗？"经常有人会因为投过太多简历而不记得当前面试职位的具体要求。一开始就缺少必要的准备，在谈工资时自然就失去了主动权。

②除了公开的信息作为参考外，更准确的信息需要找内部人士去了解。最好是曾经在这家公司任职或正在这家公司任职的人，他们的情报最准确可靠。如果实在找不到，至少要找到对公司了解的同行，绝对不能只听信猎头的一面之词。由于视角不同和利益驱使，猎头总是会把该职位的好处夸大，而对存在的问题避而不谈。

### 不到万不得已，不要先辞职再找工作

现在的年轻人越来越潇洒，与领导一言不合就辞职的事情并不少见。要不然就是因为最近心情不好，所以很快便辞职去看世界……我不评论裸辞的好与坏，但是在谈薪资的时候，还在职工作的人和离职的人，地位大大不同。

在职找工作属于观望状态，多是被猎头说服或由朋友推荐等前来面试。哪怕真的是在原公司已经干不下去了，也要装作一副还没想好是否要离开的样子。面试官如果决定录用你，自然要开出相对优厚的条件，否则便无法打动你下定决心离开原单位。所以，在谈工资时要自信满满，把工资尽量谈得高一些，哪怕比打听到的薪资范围高都没关系。要知道，猎头都是按用人部门的要求定向去挖角的，HR 对候选人比较高的薪资预期早有准备。即使超出政策范围，也能特殊申请。你越是表现出一副可来可不来的态度，HR 越会想尽办法满足你的预期。

在职的人和面试官谈工资时，还有其他的一些筹码可以用，比如以下筹码。

- **我每年的绩效考核结果都是部门里的前几名，老板已经承诺我于今年给我升职加薪，工资预计会增加 30%……**
- **我们每年年终奖大概有 3 个月工资那么多，但是现在离职的话，年终奖就没有了，对我来说，这也是一笔损失……**
- **我现在手里有价值 30 万元的股票，要今年年底才能兑现，公司的股价一直在涨，到了年底可能会变成 40 万元……**

诸如此类能够加大你离职损失的内容，都要在谈薪资时明确地提出来。让 HR 明白你现在辞职会有多么严重的损失，不努力给你争取好的 Offer 自然也无法说服你。

反之，如果谈 Offer 时你已经离职好几个月，赋闲在家，那么跟 HR 谈薪资时就会非常被动。HR 会首先假设，面试者长时间没有工作，自然不会挑肥拣瘦，所以没有必要给太高的薪资。

而求职者此时的心理状态也确实如此。刚离职时或许还心平气和，但是每天交着房租，吃穿用度没有着落，看周围的朋友、亲人忙忙碌碌，自己却无所事事，时间一长自然不会继续"傲娇"了。这时的 Offer 好比救命稻草，哪还好意思跟 HR 谈薪资，差不多合适就会答应。在这种情况下，还想谈出比原来薪资高很多的工作几乎没有可能。离职久了，很多人能找到和原来薪资差不多的工作就已经不容易了。

可见，谁更急于达成用人的这笔"交易"，谁就处于弱势地位，就会丧失主动权。所以，不到万不得已，千万别脑袋一热就"裸辞"，影响的可是你下一份工作能不能谈出令人满意的薪资。

### 强调自己的价值和贡献，而非一味地提要求

只要是合适的人才，用人单位并不介意在已有的薪资范围内支付高一些的薪酬，甚至超出标准。用人单位唯一担心的是，这个人才带来的价值和贡献与自己付出的成本不匹配，也就是花高薪聘来的人却"不值"。

因此，求职者在谈判时要突出自己加入新公司以后能带去的价值，让花钱的人觉得"物有所值"，自然就愿意出高价了。

而对于价值和贡献的阐述，一方面要通过和面试官的沟通获得公司对该职位的期望，另一方面要结合以往的能力和经验，表达自己的特殊价值和能做的贡献。

如果能超越面试官的预期，获得过本职工作以外的成就，就更能打动面试官了。当然，这个属于给老板的意外之喜，要是本身能力有限，只能做好分内工作，就老老实实有一说一，别制造惊喜了。要是把老板的胃口吊起来了，工作结果却不尽如人意，反而会适得其反。

自己做创业公司以后，我也面试了不少应聘者，有一个面试者让我印象深刻。

本来我们招聘的职位是活动策划，负责设计和执行公司的一系列活动，希望应聘者有在广告、公关类公司的工作经历。当我问应聘者有什么个人特长和兴趣爱好时，面试的姑娘说，自己平常一直在关注新媒体，业余时间也热爱写作，特别希望能做微信公众号等新媒体运营工作，拓宽职业路径。听到应聘者这么说，我认为她关注新鲜事物，愿意主动学习，更愿意多承担责任。哪怕她在新媒体运营方面没有太多的经验，我们也愿意给她机会学习和成长。

虽然她之前做活动策划的经验和能力也不差，基本能满足这一岗位的要求，但是对新媒体运营工作的兴趣和积极性成了她的加分项，所以，当和其他几个经验能力差不多的候选人一起比较时，她就脱颖而出了，最终我们下定决心雇佣她。差不多的背景和薪资，公司却能从员工身上获得额外的价值，孰优孰劣，一对比就很明显。这种额外的“增值”，正是公司所期望的。

**指出新工作的挑战，“错位”比较**

假如新工作和原来的工作相比变化很大，则可以争取较多的谈判空间。这种属于职业上升的转换，可能是工作职责扩大，或者是工作难度提升，抑或是从不带人到开始带人。发生这样的变动时，原来的工作就不能相提并论了，毕竟在工作要求上有本质的变化。

薪酬的支付其实是对个体贡献和价值的体现，跳槽前后个体的价值不同时，求职者要求有较大涨幅的工资也是理所应当的。很多企业喜欢从知名的外企和民企挖人。在大企业只能做个普通员工的，到了中小企业就能做主管；在大企业是个团队领导的，到了中小企业能做到部门经理甚至部门总监。对于这种职位的提升，企业愿意支付比原来高出50%甚至100%的工资，除了是支付应聘者本人的贡献外，也看重这些应聘者带来的额外价值。比如，名企的先进管理经验、技术思路、客户资源等，这些隐含的价值远远超过企业多付出的薪酬。所以，从名企挖人时，企业不惜血本地出高价也在情理之中，这笔账企业算得相当清楚。

假如之前你碰巧在大企业、知名企业工作过，谈薪资时就要有足够的信心，要敢于提出一个高价。别忘记，在这些知名企业可不是白白“镀金”的，你能带来的价值值得新雇主付出高价。

## 3 入职以后怎么开口提涨工资?

入职以后要把握时机来谈薪资，都说“会哭的孩子有奶吃”，在职场上，资源和机会都要自己争取，升职加薪这件事也是一样的道理。

很多人觉得，在公司一切听老板的，老板说给多少钱就多少，还能跟老板叫嚣涨工资？万一老板当我是个“刺儿头”怎么办?

老板从来不害怕多拿钱能多干活儿的员工，怕的是拿了钱还不好好干活儿的员工。所以，从心理上不要惧怕，别把主动跟老板提升职加薪的要求当成坏事。

有多少人默默地加班、认认真真地工作，明明自己有潜力有能力，可升职加薪的机会总是轮不到自己……与其怀着怨气工作，不如找准时机向老板提要求。当然，找老板提要求也要讲究方法策略。

首先，请先自我反思一下，自己的工作绩效到底怎么样，在团队中属于中等水平还是拔尖。要是绩效平平，工作也没有什么亮点，就不要主动要求老板加薪了。搞不好老板会认为你工作不够努力，还有很大的提升空间，正愁没机会提醒你。

找老板要求升职加薪的前提是，工作确实做得不错，至少在团队中属于中上水平，否则就老老实实回去先把工作做好吧。

基于平常工作表现还不错的前提，跟老板的谈话要找好时机。一般老板都会定期跟下属进行绩效沟通，当老板对你过往的工作一一评价之时，自然会把你的工作成就做一番回顾。老板谈及你的优秀绩效时，便是提要求的好时机。

你可以谈谈自己对职业的规划，比如，打算用几年时间做到什么职位，希望能在公司长远发展，等等，恳请老板对你的职业发展大计提出宝贵的指导意见。通常老板对下属的成长发展都会表现出一副很上心的样子，在这个话题上一定会有一些评论。然后你就可以自然过渡到升职加薪这个话题了，其核心思想就是——既然我绩效不错又积极上进，公司能不能给我提供这样的机会让我为公司多做贡献呢？你可以说：

> “我在这个职位上已经 3 年了，每年绩效都是优秀。我认为我已经有了更强的能力去承担更大的责任，比如 ×× 职位的工作，不知道公司给不给我机会让我做更大的贡献。”

> “我希望自己以后能成为一个合格的职业经理人，但是我一直没有带团队的经验，要是有机会带人的话，我会很乐意的……”

为了衬托你的贡献，你也可以提提其他升职的人。

> “咱们部门的 ×× 比我来的晚，去年已经升职了，我自认各方面都不比他差，明年有没有可能轮到我呢？”

如果你真是老板看重的优秀员工，通过这样的谈话，即使老板不能马上给你升职加薪，也知道你对这方面有所期待，会把你的需求列入他的待办清单。不管最后能不能顺利升职加薪，至少你的诉求老板已经知道了，为防止你另谋高就，他一定不会置之不理的。

比起口头上的意愿，老板更愿意从实际行动中发现，你是真的值得他给你升职加薪。

> 我曾经的同事 Ruby，能力突出，业绩优秀，一直希望有机会被快速提升，她也多次向老板明示暗示过这样的想法。她并没有在表

达意愿后就坐等机会，而是加倍地把当前的工作做好，同时，积极争取更多的工作任务让自己学习成长。有一次，她的同事 Angel 离职，Ruby 主动要求承担 Angel 的工作，哪怕是干了两个人的工作量，她也任劳任怨，出色地完成了工作。就这样做了三个月，老板看到了她的能力，又赶上组织结构重组，老板决定不再找 Angel 的继任者，重新调整了内部的分工后，直接把省下来的钱加给了 Ruby，同时给 Ruby 升了职。要不是因为那三个月没日没夜的付出，这个机会也不会来得这么快。

# 第 11 章 该不该跳槽，先来个自我诊断

每年年初领完年终奖后，就会迎来跳槽的高峰期。看着别人拿到了更高薪酬的 Offer，不少人的心思也活络起来。在纠结何去何从时，不妨先来看看下面这些职场状态你占了几条。

- **重复性的工作内容导致你对工作缺乏新鲜感，没有动力和积极性。**
- **总觉得不被老板器重，升职遥遥无期，每天得过且过。**
- **同龄人的工资比你高很多，你心里不爽也无法解决。**
- **同事之间钩心斗角，满眼利益，毫无人情味。**
- **公司没加班费还总加班，却没人认可你的贡献。**

如果上述状态里你中了三条以上，就应该考虑跳槽了。那么什么时候是跳槽的好时机呢?

## ① 现阶段——三思而后行

是去是留，先别急着交辞职信，慎重思考、“货比三家”后再做决定也不迟。

### 所处行业的整体发展趋势

如果整个行业的发展受到限制，那么身处此行业的企业大多也会“半死不活”，

未来发展还会遇到更多的困难。要知道“覆巢之下，安有完卵”，当整个行业都没什么发展时，小小的个体就更难有所作为了。身处这样的行业，应早做打算，寻求转行。

### 公司与个人的匹配度

可以从企业的价值观、文化、管理风格、发展空间等多个角度，来评判现在的公司是否与你当前的需求相匹配。比如，有的公司正处于快速扩张的发展期，薪资待遇也不错，但是压力大，工作强度高，而你近期偏偏需要将重心放在家庭上，那这样的公司就不适合现在的你。

### 其他值得你留下的因素

有时候留下只需要一个强有力的理由。比如，一个让人尊敬、值得你追随的老板；一个合作默契、气氛良好的团队；一个鼓励员工内部创新的机制，都有可能是留住你的因素。

假如你思前想后，发现当前工作无论是领导、同事，还是工作内容本身及职业发展，的确再也找不到一个吸引你的地方，那就应该重新思考职业发展了。

## 2 新机遇——透过现象看本质

在换工作这件大事上，绝不能只凭想象做决定。必须擦亮双眼，挖掘出隐藏在新工作背后的真相。

### 警惕猎头的“甜言蜜语”

当有猎头恰巧在这时找到了你，记住，千万别听他说得天花乱坠，被 Offer 迷惑了双眼。在面对新机会时要保持警惕，遵循“三多原则”—— 多做调研、多方打探、多收集信息。除了了解新企业的经营状况、岗位的发展空间，还要清楚可能遇到的风险和挑战。

比如，打听下应聘岗位的上一任离职的原因；老板的工作、行事风格；这家公司未来的规划与前景等，不能仅盯着高出的工资。

**抓住“骑驴找马”时的面试机会**

如果你还未离职就参加新公司的面试，更应该抓住这个好机会，问问准领导：公司吸引他的原因是什么；他如何看待行业趋势及公司发展；你加入新公司后会面临哪些挑战和困难等。准领导也许会对这些问题坦诚相告，也许会闪烁其词，不管是哪种答案，都可以增加你对公司的了解，帮助你做出判断。

**多渠道了解信息**

更直接有效的办法是，发动身边的人脉资源，找到曾经或现在就职于目标公司的朋友，了解公司的总体情况、人际关系、薪资福利、工作强度、加班情况等。

## ③ 做决策——长短相辅，方为最优

一个人选择什么样的工作职位，是职业发展中的短期目标，需要结合对职业的长期规划，综合考虑才能做出正确选择。

只是单纯因为不喜欢某些工作内容，或是跟老板、同事合不来就辞职，是非常不理智的做法。

正所谓“人无完人”，工作也是一样，每一份工作都不完美，千万别以为换份工作就能平步青云，登上人生巅峰。事实上，就算跳槽到收入更高、环境更好、老板更和气的公司，也一样有让人不喜欢的一面。

因此，考虑是否应该跳槽时，还应思考哪个岗位和你的长远规划一致，并且能实现你的短期目标，如快速积累行业经验，获得短期高回报等；或者能帮你实现人生的阶段性目标，如结婚生子，照顾家庭，进修学习等。

如果当前的岗位不在规划之内，平台也没有利用价值，无论是从短期目标还是从长期规划来看，都对你的事业发展没有太大帮助，那此时就是跳槽的合适时机了。

下面分享两个案例。

我的朋友一南已毕业三年，之前一直在传统报社做记者，文章写得不错，也热爱媒体行业，只是传统报社理念落后，文化压抑，她不想待在体制内等退休。如今社会已进入新媒体时代，一南坚定了做媒体人的长远目标，于是跳槽到了一家互联网公司做新媒体。虽然工作比以前的节奏要快很多，压力也变大了，但是一南每天都和时事热点打交道，公司的年轻人也多，文化开放张扬，一南感到了前所未有的自在，能力也得到了更大的发挥。

我的师弟Gary当年在学校广播站做英语主播，毕业后顺利地进了花旗银行，是令人艳羡的金融才俊。可是两年后，他发现自己的兴趣还是做主播，于是毅然辞职。经过一系列严格的考试后，他如愿进入了中国国际广播电台，如今已然是一位成功的电台主播。

一南和Gary都是在明确了长远职业目标的情况下，选择了更适合自己的工作，因此在新工作环境中如鱼得水。

跳槽是重新认识自我、认识世界的好机会。与过去告别，迎接一段新生活，总是让人期待的。在选择离开还是留下时，要想清楚自己到底要什么，要走什么样的路，未来打算成为什么样的人等，这些关乎个人长远规划。一旦未来的规划清晰可见，再选择时就不会纠结了，此时的去与留就是顺其自然的结果了。

# 第 12 章

# 激情殆尽就跳槽，你的问题解决了吗？

相信很多人都经历过这样的场景 —— 在同一个职位工作的时间太久，工作内容总是一成不变，激情日益耗尽。久而久之，工作就成了“食之无味，弃之可惜”的鸡肋。这就是进入了所谓的职业倦怠期。产生职业倦怠的关键原因是新鲜感和不确定性的缺失。那么，该如何找回工作的新鲜感并重燃斗志呢?

很多人首先想到的是，现在的工作这么无聊，不如直接换一个工作，新工作自然不会无聊。

且不说换工作至少需要两三个月的时间，耗时耗力，即使勉强换了工作，能否对新工作充满热情也是未知数。所以，如果现有的工作不是到了“无药可救”的地步，从现有工作中发掘新鲜感，重新找回激情和动力，才是解决之道。

## ① 主动寻求新的工作任务

在合适的新工作机会还没到来时，不妨尝试在现有工作中增加少量新内容。这样既能在原有的环境里保持一定的熟悉度，又能尝试一些新东西，在稳定的同时获取少量新鲜感。

机会从来都是留给有准备的人和努力争取的人的，只要不怕加班，不怕吃苦，更不计较多干的工作有没有额外工资，那么总会有机会接触新的工作内容。

假如你现在在 A 岗位任职，但是你对同部门的 B 岗位更感兴趣，而 B 岗位却一时没有空缺，除了一味地等待，还有其他办法争取吗？

首先可以向老板坦诚你对 B 岗位非常有兴趣，向他表达你除了能把 A 岗位的工作做好，也有余力学习 B 岗位的工作内容，希望有机会能转到 B 岗位。老板通常不会拒绝主动学习进步的员工，在以后安排工作时，多少会给你提供一些学习 B 岗位工作的机会。

经过一段时间的学习了解，日后 B 岗位开放招人的时候，你已经有了相关经验，自然比别人更有机会获得 B 岗位的工作机会。

很多管理先进的企业还会提供给有潜质的年轻人 Job Shadow（工作体验）及 Mentor（导师）项目，让年轻人跟随企业高管或前辈，开展有计划的在岗学习。借助这样的机会，年轻人可以跨出自己的正常工作范围，开阔眼界，扩大工作接触面。

## 2 同样的工作内容，尝试不同的方法

在现有工作内容一成不变的时候，也可以去尝试新的工作方法，在熟悉的领域也能玩出不一样的花样。例如以下几种方法。

- **同样是给老板做汇报，可以试试给 PPT 换个新模板，配个活泼的色调。**
- **同样是用 Excel 计算上万条数据，可以试试有没有更科学、更快捷的公式或小工具。**
- **同样是画流程图，可以试试思维导图的效果……**

只要愿意尝试，条条大路通罗马。

让人耳目一新的工作方法并不是凭空想出来的，所有的创意、思路，都建立在对知识技能升级换代的基础上。在这个终身学习的时代，人人都在用碎片时间学习新知识、新技能。你羡慕同事大方简洁的 PPT、报告中的神来之笔，可曾想过这是他在无数个下班后的夜晚挑灯学习实践的结果。

与其花时间抱怨现在的工作无聊、没新意，不如花时间投入新技能的学习，把平凡的工作做出亮点和特色，更容易脱颖而出。

## ③ 找到同好，进入新圈子

很多公司都有工会、员工俱乐部等组织，加入这些组织后，就像加入了大学的社团，能让原本枯燥的上班生活变得鲜活生动。与志趣相投的朋友玩乐之余，更能获取不同部门、不同岗位的内幕信息，对日后在公司内部换工作有很大帮助。

通过兴趣爱好等积极拓展公司同事以外的朋友圈子，也是一个获取职业机会的重要途径。

> 我有个朋友叫 Jerry，他在美国读 MBA 的时候，在一次网球活动中认识了某知名 IT 公司的一位高管，闲聊之后发现两人竟然是同一所商学院的校友。两人不仅能交流球技，校友的背景也扩展了更多的话题。后来，当这家 IT 公司出现职位空缺时，这位高管自然想到了 Jerry，并将 Jerry 推荐给了用人部门。经过几轮面试后，Jerry 顺利拿到了这家公司的 Offer。要知道，这个空缺机会在没有对外正式发布时，这位高管就提前知道了消息，并推荐了 Jerry 来面试，这样 Jerry 的机会就比外面公开招聘的人大多了。

一份工作再光鲜亮丽，时间久了也难免让人产生“审美疲劳”。使工作持续焕发魅力的秘诀不在于工作本身，而在于从事这份工作的人。既然改变不了工作，那就只能改变自己的心态，多做一些新尝试，才能常见常新。

# 第13章 领导跳槽要不要跟？

一不小心成了领导的“心腹”自然是件好事，但也有让人纠结的时刻——假如有一天领导决定跳槽，并且希望你能跟他一起离开，这时到底是跟还是不跟？

若新工作待遇优厚，还有“老领导”的情分，确实很难说“不”。可如果当前的工作积累了很多资源，上升空间也不小，贸然离开或许是笔损失。

当你茫然时，目光往往会变得短浅，不见全局。因此，必须跳出问题本身来考量去与留。

## 1 正确地评估资源和风险

领导的认可和器重固然是资源，但不是全部的资源。在前公司积累的人脉、经营的客户和已熟门熟路的工作思路与模式，都是可被利用的资源。况且，资源的积累绝非一日之功，短则三五年，长则十几年。

另外，就算领导许诺到了新公司后仍然器重你，并给予全方位支持，但领导自己要站稳脚跟都不容易，又怎能保得了你的前途呢？所以仅因领导的真诚相邀就贸然加入，从情感方面讲固然无可厚非，但不一定是最优抉择。

因此，抛开和“老领导”的关系不谈，需要冷静地评估加入新公司的风险和收益。

### 贸然离开会失去哪些机会和资源？

- 新工作有什么风险和挑战？
- 除了薪资上涨外，新公司还能让你获得什么样的发展和回报？

……

得到上述问题的答案，你就有了很多参考，这时候再考虑是否值得离开。

## ② 预估自己抗风险的能力

此外还需评估自己的抗风险系数和对新环境的适应能力。

有人天生喜欢冒险，安逸的环境会让他厌倦；而有些人更看重稳定，面临太多不确定性时会没有安全感。这两类人在面临选择时，前者更有意愿去冒险，哪怕胜算很低都会跃跃欲试；而后者则会瞻前顾后、犹豫不决，除非有足够大的把握，否则绝不肯轻易改变现状。

对风险的接受程度，除了和一个人的性格、成长环境相关外，还与他后天积累的能力和资源相关。因此，你和领导的抗风险系数一定是不同的。

你可以依据过往经验，盘算领导是不是敢于冒险的人，而你跟他差了多少。纵然他坚信在新公司一定前途光明，也是建立在领导个人的行业经验和能力积累之上的，他可以，但并不意味着你也行。

## ③ 权衡利弊，优选方案

要更细致地分析才能做决定，也可以用下列方法辅助判断。

- 列出你目前选择工作时看重的几个要素。
- 按照重要性给所有要素排序。
- 把新工作和现有工作在这几个要素上分别打分（1 分为最低，10 分为最高）。
- 计算出加权平均结果，就能看到最终结果。

茉茉是一家互联网公司的产品经理，直接领导要跳槽到另一家正处于上升期的创业公司，希望茉茉一起加入。

茉茉深思熟虑后，罗列了她看重的要素，包括薪资待遇、上班地点、公司文化、领导器重程度、职业发展空间、公司发展前景等。其中，她最看中的是“职业发展空间”和“公司文化”，其次是“公司发展前景”和“领导器重程度”，最后才是“薪资待遇”和“上班地点”。

对比跟着领导跳槽到新公司和留在原公司，茉茉打出了下面的分数，因此得到了选择题的结果，如表13-1所示。

表13-1　新旧公司对比

| 因素 | 重要性 | 留在原公司 | 加入新公司 |
|---|---|---|---|
| 职业发展空间 | 10 | 8 | 5 |
| 企业文化 | 9 | 3 | 7 |
| 公司发展前景 | 6 | 5 | 10 |
| 领导器重程度 | 5 | 3 | 10 |
| 薪资待遇 | 3 | 5 | 8 |
| 上班地点 | 2 | 9 | 3 |
| 合计 | | 185 | 253 |

上面的打分表可以作为决策的参考，但也存在一票否决的可能。

比如，有的人就是不能接受996（每周上班时间早九晚九，一周上六天）的工作时间，有的人不能接受通勤时间超过2个小时，等等。这种情形一旦出现，哪怕别的条件再好，也不会选择。

事实上，领导和同事都只是陪伴你一段路程的人，关系再好，也不代表彼此要绑定，成为永远的伙伴。

每个人都有自己要走的路，如果恰巧二人志同道合，那么彼此支持、互相陪伴当属一大幸事。可若道不同，也不必为了面子和情分勉强自己，毕竟无论谁离开谁，这地球都照转不误。

## 本篇 小结

跳槽的理由有很多，但是合适的跳槽时机并不常有，因此显得格外重要，不到万不得已，千万不要裸辞。“骑驴找马”的策略在当前形势下更为保险。

一份好简历一定不能千篇一律，而要针对面试公司的职位要求区别对待，更要能用成就亮点突出自己。

面试时保持自信很关键，常规问题提前做好准备，还要准备好案例来证明自己。

谈 Offer 要有方法技巧，不能凭运气，多做调研是必备步骤。入职以后也要抓住机会，勇敢地向老板提出涨薪的要求。

## 本篇 练习

**练习一**：如果你正好在找工作，选中了一家心仪的公司，那就认真研读招聘要求，“量身定做”一份简历吧。

**练习二**：回顾一下自己以往的工作经历中有没有突出的成就，编写一个案例，准备下次面试时使用。

# 实战篇

## ——快速适应工作

# 第14章 心态好，才能顺利适应工作

## ① 找到的工作高不成、低不就怎么办？

前几天和好久不见的朋友W一起吃饭。聊到她的工作时，W变得垂头丧气起来。原来，W刚刚入职了一家新公司，可是她对新工作并不满意，勉强做下去也不开心；但她又没有勇气裸辞，更担心频繁换工作影响声誉。两难之下,W找我这个人力资源专家寻求专业建议。

在咨询的过程中,W不断吐槽现在的工作。比如，老板不重视她，内部人事斗争激烈，公司业务没前景，等等，甚至连公司取消了端午节发粽子的福利她都抱怨了好半天，我都没什么机会插嘴。

W所在的S公司是行业内排名前五的外资IT公司，在外人看来属于行业领先，企业是大品牌，工作强度不大，总体来说还不错。只是这些年IT行业局势动荡，外企都受到了本土公司的巨大冲击，导致公司整体业绩不佳，业务部门日子尚且不好过，更何况后台支持部门呢。动不动就会传来哪家大外企裁员的消息，昨天还是帮公司打下江山的大领导，第二天就被解雇的情况也司空见惯。人心惶惶之下，为了生存，大公司的政治斗争更是变本加厉。

如果因为对老板不满意，或者因为不喜欢现在的工作就辞职，看着潇洒，却不是最优策略。不妨从下面几个角度来考虑，看看有没有更好的解决思路。

### “骑驴找马”总比走路有效率

有不少人抱着宁缺毋滥的心态，打算辞职后专心找工作；而更多的人为着生计考虑，会选择边工作边看机会，即“骑驴找马”的策略。

那些还没找到下家就辞职的人，看上去一时爽快洒脱，殊不知，裸辞有种种坏处，难过的日子都在后面。

> 我的另一个朋友Z就是一时冲动离开了前一家公司，一开始日子很是潇洒。先是去了趟大理，感受了将近一个月的风花雪月。回来后开始正经找工作，才发现比他想象的速度慢很多。给钱少的不去，公司太小的不去，离家太远的也不去，就这样一个月又过去了。此一时彼一时，市场就业机会并不太多。再看看信用卡的账单，好工作又遥遥无期，他没办法继续淡定了。后来不得不降低期望，曾在500强公司担任销售经理的他，原来的计划是非大企业不去，赋闲三个月后实在撑不下去了，只好选择了一家薪资待遇和企业品牌都不如前雇主的小公司。
>
> 有一次我们聊起他的这段经历，他说：“我真后悔当时一冲动就提了离职，每次面试的时候都觉得矮一截，谈Offer时没有底气，总被人牵着鼻子走。哎，早知道这么艰难，当时再坚持几天等找到工作再辞职就好了……”

像Z这样裸辞的人并不少见，可裸辞后还能如愿找到各方面都满意的工作的人却少之又少。裸辞最大的问题就是，在寻找新工作时，失去了和新雇主谈判的筹码。

从用人单位的角度看，在职者的市场价值远高于裸辞的人。由于有份稳定的工作，尽管在职者换工作的意愿不如赋闲的人，但保持了工作的连续性和稳定性，始终未脱离职场，转换到新工作更能迅速适应。而对于裸辞的人，一方面HR会怀疑应聘者离职的真实原因，另一方面HR会认为裸辞的人多半是做事冲动、考虑不够周全的人。

在谈新Offer时，便是应聘者和面试官（或HR）博弈的过程。谁对彼此的需求更强，谁就会处于相对弱势的地位。在职者谈工资时有更明显的优势，因为有现成的工作，吃穿不愁，因此可以放心大胆地开价，反正现有工作保证了在职者有足够的耐心等待一份好工作的到来。即使对 Offer 特别渴望，他们也能装作可有可无的样子。这时不淡定的就是用人单位的 HR 了，工作岗位早已设好，没人入职的话老板会天天催，HR 自然会在工资上加大筹码，直到让候选人心动到采取行动。

所以，如果现在的工作并没有让你厌恶到无可救药的地步，那么保持一种每天上班的稳定状态，骑驴找马，无论从哪方面看都是利大于弊。

### 找到现在这份工作的价值和意义

当你对现有的工作不满意时，不要认为美丽的风景都在别处，急着马上换一份工作。

要知道，每一份工作都有让人喜欢和不喜欢的地方，即使换了新工作，也不一定尽如人意。总是被想换工作的念头驱使，自然很难把现在的工作做好。理想的工作很难在短期内找到，而对现状的不满，更会让你觉得上班的日子度日如年，索然无味。

换个心态想，既然好工作不能一蹴而就，就应该接纳现在的状态，活在当下，找到现在这份工作的价值和意义。这里的价值并非用金钱衡量出来的回报，而是工作本身能给你带来的积极正向的影响。

对工作意义的寻求不是一个虚无缥缈的话题，而是在面对每一个具体的工作烦恼时，多从积极的角度思考，这份工作究竟能给你带来哪些益处。

曾把两家企业做到世界 500 强的稻盛和夫，大学毕业后的第一份工作也不理想。他进入了一家生产绝缘瓷瓶的工厂，这个企业非常破旧，而且濒临倒闭，工资迟发更是家常便饭，经营者家族还内斗不断。当周围一起加入的同事纷纷离开时，稻盛和夫并没有选择和他们一起离开。他想，既然怨天尤人无济于事，不如转换心境，全身心投入研究。于是他把锅碗瓢盆都搬进了实验室，逼迫自己天天做实验。专注于工作后，他研发出了一种新型陶瓷材料，用在电视机显像管的电子枪上，这成了日本国内的首创。凭借这个技术及成绩，稻盛和夫有了创办京瓷公司的资本。

支撑稻盛和夫坚定信念的东西就是工作的意义和价值，工资迟发和环境恶劣都不能干扰他。有了这段经历后，稻盛和夫说：

> “人的命运绝不是天定的，它不是在事先铺设好的轨道上运行的。根据我们自己的意志，命运既可以变好，也可以变坏。”

“喜欢”和“投入”是相辅相成的，能够形成因果循环。当你喜欢一份工作时，自然会愿意投入，越投入就越有成果，你就会越喜欢，由此就形成了良性循环。假如对现在的工作谈不上喜欢，那就不用多想，先投入去做。随着全身心的投入和专注，你也会喜欢这样的过程，然后顺理成章地收获良好的工作成果。

说回前文我朋友W的问题，尽管她对现在的工作不太满意，但毕竟公司在行业内口碑不错；虽然业绩不如从前，但“瘦死的骆驼比马大”，现在的工作仍有很多价值可以挖掘。而这些隐形的价值，正是能让W每天对工作满怀期望的动力。在我的启发下，W好像忽然想到了什么，眼睛一亮，又开始滔滔不绝。

> “公司人这么多，有很多行业内的顶尖人才，要是我跟他们都认识的话，以后我的人脉圈就能逐渐积累起来，以后找工作时也是一笔巨大的财富。
>
> “老板虽然不重视我，但至少不会吹毛求疵，天天让我加班。我正好有时间研究自己感兴趣的领域，为下一份工作做准备。
>
> “人事斗争复杂，我也不能幸免，正好磨炼心性，提升自己的情商，以后跟谁再斗我都不怕了……”
>
> 这一次W的眼神不再那么黯淡了，他重新找到斗志和动力后，又神采飞扬了。

## 放眼未来，做好准备，蓄势待发

当然，安心做好现在的工作和寻找外面的机会并不矛盾。一方面，认真工作，不断积累行业经验和人脉，保持自己在职场的价值；另一方面，持续关注外界动态，做好准备，找准机会适时出击。

寻找外部机会时，首先要做好对行业发展情况和目标工作职位的信息的收集。现在获取信息的渠道多种多样，除去网上的公开信息外，比较可靠的消息来自正在目标公司工作或曾经在目标公司工作过的员工。他们往往有外人所不知道的第一手消息，比如，目标公司虽然薪资待遇非常高，但是工作强度很大；内部人事斗争激烈等。应聘时提前知晓这些内部消息，才能正确判断新的工作机会是否真的适合。

还拿 W 的例子来讲，她现在就职的公司人数众多，必然有不少同事或前同事在 W 的目标公司工作过，那么通过现有的公司人脉网找到这些人，跟他们建立联系，不仅能获得第一手信息，还能了解到很多开放给员工的内部推荐职位的信息。这可比漫天撒简历、找猎头要高效得多。

有了对目标职位的了解后，就要开展自我分析，看看自己有哪些优势和劣势，然后找到和目标职位的差距。

对于优势和亮点，要在简历中极力凸显，加大笔墨渲染。而对于有待改进的能力和经验等，要趁着工作机会还没到来，抓紧时间补足。不能等到 HR 打电话邀请你明天去面试时，才临时“抱佛脚”。

把喜欢的工作做好并不难，能把一份不怎么喜欢的工作也做出成绩来，才真正代表了你超然的心态和优秀的工作能力。这样以后再去做心仪的工作，岂不是更得心应手、战无不胜！

## 2 没有完美的工作，只有相对的匹配

我听到身边有无数人抱怨不喜欢现在的工作，明明自己的兴趣不在此，可为了养家糊口，还不得不从事现在的工作。要是做了 ×× 工作，肯定比现在成就高。那些一个个从儿时起就树立的梦想，随着上大学选专业、毕业后选工作等种种际遇，被残酷的现实压榨得消失殆尽。

就像没有命中注定的完美恋人一样，这世上也没有完美的工作。工资高的，强度高、压力大；有发展前景的平台，却不一定能给个人很大的发展空间。总之，找到一份各方面都让人满意的工作并不容易。

## 看上去光鲜的工作，事实却是……

周末的一个下午，表妹来到我家说起自己刚参加的高中同学聚会。表妹去的时候优越感十足，心想自己名校毕业，工作不差，爱情如意，没承想回来后还是受了刺激，一下子没了优越感。

原来表妹是被那些优秀的同学给打击了。她说，有个去了BAT其中一家做产品经理的同学，工资是她的3倍；有个去外企的同学，一年内有半年时间都在国外出差，朋友圈里全是欧洲的美景；最让她气不过的是长相平凡的同学Yoyo，现在在一家金融机构做分析师，虽然嘴上没说自己挣得多，但是戴着Tiffany的项链，拎着Chanel包包，还对经济形势分析得头头是道……

在各种同学聚会上，大家绕不开的一个话题就是彼此的工作。由于大家都不想在老同学面前丢面子，因此多少会对自己的工作稍加粉饰。对不了解的外行来说，这么一比较，自然会心理不平衡。有人会想：“都是一个班的同学，怎么他的工作听上去那么有意思呢？当年他学习还不如我，要是我有机会做了他的工作，肯定比现在强不少。”

这种对现状的不满足，像极了围城描述的状态——城外的人想进来，城里的人想出去。别人的工作怎么看都比自己的好。

来找我咨询的一些学员就经常提到：“老师，我想转行去做××工作……”这时我就会问他：“你喜欢那份工作的什么地方呢？你知道从事这个工作的人典型的一天是在做什么吗？”当对方答不上来时，我就会让他去做调研，不要急于下结论。

针对表妹的困惑，我问她：“你看着Yoyo工作比你好，你知道她每天工作到几点下班？压力大不大？有没有时间谈恋爱吗？”

“这个……她好像确实没男朋友，说是每天晚上10点以后下班，根本没时间谈恋爱。”

“现在经济形势不好，首先受到影响的就是金融行业，你知道她们公司今年裁员了吗？年终奖发没发？”

“哦，我想起来了。她说公司前年组织大家一起去的新加坡开年会，去年年会直接在北京郊区开了，估计是公司没什么钱了。而且她还和朋友合租在一个四环外的两居室内，所以看来金融行业也没有我想的那么有钱……”

说到这儿，表妹好像明白了，说：“想想还是我的工作好，至少能准点下班，有时间谈恋爱；公司不大，也比较受老板重视，今年工资还涨了 30%……”

这么一分析，表妹就释怀了，心里的不痛快也消失了。

像表妹这样对别人的工作一知半解就开始艳羡的人不在少数，更有些人只看到某些工作光鲜的表面就想转行。通常在我要求他们做一次详细的调研之后，答案往往就变成了：“老师，那个工作并没有我想象的那么好，我还是先不转行了。”

那些看上去很光鲜的工作，等到认真了解之后，真相往往并不尽如人意。

投行、咨询等高薪工作者，看上去满世界飞，住五星级酒店，接触的都是 CEO、CFO，无比“高大上”。事实上“空中飞人”的工作带来了常年的焦虑和失眠，还有朋友、家人的缺失，以及日复一日的写报告、改报告等工作，改了一遍又一遍，熬了无数个夜，领导才认可。至于和董事长、老板聊个天就能搞定的事，资历尚浅的“菜鸟”很多时候连旁听的机会都没有。

看上去不用打卡上班、悠闲自在的销售经理们，时间自由，收入不菲，却每天被客户的种种恶劣态度和无理要求蹂躏，赔笑脸、陪吃饭不说，好不容易跟了几个月的单子还可能被竞争对手撬走……一到季末或年底，想到没有完成的业绩指标更是夜不能寐，心底的苦楚也无人诉说。

那些总是能获得品牌青睐、每天打扮得美美的时尚博主、自媒体人，面对的却是不管多晚都要按时更新内容的巨大压力。所谓的光鲜靓丽背后是日复一日、坚持不懈地写写写和改改改，辛苦地拍摄出片，更要承受认真投入后无人喝彩的落寞，抑或“火”了以后的各种流言蜚语、网络暴力。

像设计师等自由职业者，看上去时间灵活，不用打卡上班，输出的作品也令人赏心悦目。背后却是创作灵感枯竭时的焦灼难熬，熬了几天交出的设计稿又可能被客户一遍遍打回来修改的深深挫败感……

从来都没有什么看上去轻松、做起来也很轻松的工作。既然如此，这山望着那山高的心态便完全没有意义。

不妨换个视角看看现在的工作，找到活在当下的感觉，相信一切都是最好的安排，工作也就没那么痛苦和无趣了。

### 既要脚踏实地，也不要忘记仰望星空

前文一直在强调要珍惜当下的工作，这和坚持理想、找到心仪的工作并不矛盾。受现实条件限制，没办法一步到位实现目标，那就来个“曲线救国”吧。只要目标还在，就能指引未来前进的道路。

有个成语是“功不唐捐”，意思是说，现在你付出的每一分努力、每一天的辛苦，都会在未来的某一刻体现出它的价值。

Hanson 在大学阶段就立志到世界 500 强公司工作，并把职业经理人作为自己的目标。由于他的母校并不属于 985、211 名校，找工作时可供他选择的机会并不多。毕业后他的第一份工作是在一家国企做财务。国企落后的机制和陈旧的体系，让 Hanson 感到压抑、无趣。1 年之后，他跳槽到一家小的会计师事务所负责税务工作，这期间他的专业能力得到了大幅提升。积累了两年的客户经验后，Hanson 进入了著名的四大会计师事务所之一的普华永道税务部门，并寻找机会在两年后转去了普华的咨询部门，成为一名财务管理咨询顾问。他在咨询部门一待就是 7 年，一路从普通顾问升职到了高级经理。眼看着再熬几年就有机会升职到合伙人，但 Hanson 始终没有忘记到 500 强公司担任高管的目标。尽管普华也是知名企业，它却更偏金融专业服务领域，而 Hanson 更倾向到实业公司担任高管职务。由于普华服务的很多客户公司都是世界 500 强，因此 Hanson 先从关注客户公司的高管招聘行动起，并透露给猎头他想看机会的念头。果然没多久，和他

合作多年的一个客户——一家知名的医药外企正好招聘财务总监，Hanson 凭借积累的专业实力和良好口碑，如愿以偿得到了这个机会。

从 Hanson 的例子可以看出，他并没有一步到位实现职业目标，可是在后面的工作中，他并没有遗忘目标，而是通过在国企、会计师事务所的工作积累，培养了自己的专业素养和管理能力。再加上多年积累的人脉资源和个人口碑，最终找到理想的高管工作也是水到渠成的事情。

这世上确实不乏幸运的人，在刚进入职场时就能获得良好的发展平台，有优秀的前辈提携，比常人更早实现职业理想。但现实中更多的是，没有背景、学历平平的人，都是在一份份看似平凡的工作中不断积累经验、磨砺自己，一步一个脚印逐渐实现目标的。因此哪怕当下的工作不太理想也不要轻易放弃，说不准新的机会明天就到。

# 第15章 如何让自己更加职业化，干一行像一行？

无论是参加面试还是去公司上班，都要从内到外给人留下专业的印象，至少要干一行像一行，才能成为内外兼修的职场精英。

## ① 打造职业化形象

上大学时，我就期待有一天能去CBD（中央商务区）的国贸写字楼上班。那些出入国贸写字楼的office lady（白领女性）是我对职场精英的最初印象。她们妆容精致，衣着光鲜，踩着高跟鞋的身姿挺拔，哪怕长相普通，气质也很出众。虽然不明白她们每天都在做什么，但是看到她们的精神面貌，我就觉得那是我要实现的目标。

后来我如愿以偿进入世界500强公司，成为一个小白领，后面又成为带了20几人的团队负责人，我发现一个人的外在形象、气质确实很重要。你要先看上去很专业，别人才会认为你真的很专业。

每天出门前把自己打扮得美美的，一天都会心情大好，和同事、老板说话时也会平添一些信心。要是赶上公司年会、重要节日，更是不能马虎，要拿出自己最好的状态来。不求艳压群芳，但至少要符合宴会要求，这是起码的职场礼仪。既然身在职场，何不让每一次出场都精彩呢？大家都铆足了劲儿展现自己在各方面的实力，一旦你错过了一次展示自己的机会，就失去了让别人多一次认识你、记住你的机会。

一个打扮得体、干净整洁的销售员去见客户，和一个邋里邋遢、不修边幅的销售员去见客户，哪怕卖的东西一模一样，给客户的感觉也会相差千里。客户会想，一个人连自己的仪容仪表都懒得修饰，怎么会对工作认真负责呢？

一个穿着 T 恤、短裤去面试的人，则会让面试官认为，你来这么重要的场合都不愿意认真对待，又何来以后对工作的重视呢？

**看场合，穿对衣服**

我的第一份工作是在外企 500 强做 HR，公司的着装要求中不允许穿牛仔裤、运动鞋。有一天中午我健身回来上班时，就忘记把运动鞋换掉了，结果碰到了公司的 HRD（人力资源经理），他并没有当着我的面说什么，但是后来让我的领导转告我，上班期间一定要遵守公司要求，不能在办公室穿运动鞋。我听后万分羞愧，一个小小的疏忽竟然让 HRD 这么在意，也让我明白，规则既然制定了就必须要遵守。

后来我做了咨询公司的咨询顾问，大部分时间都是面对客户。为了体现专业，着装基本都是正装，而且是沉闷的黑白灰色调，以此树立沉稳、有深度的形象。要是天天穿得花枝招展的去见客户，专业形象就会大打折扣。

在职场，针对不同的场合、不同的着装要求，穿着得体既是对他人的尊重，也是帮助你快速融入周围人群的基础。试想一下，你连穿着打扮都和周围的人格格不入，又怎能期望快速融入呢？

工作干得好不好先不说，至少外表看上去得像模像样，形象过关是起码的职场礼仪。

通常每个公司都有对员工的着装要求，从正式到轻松有以下三种。

（1）咨询公司、四大会计师事务所、金融公司等专业性相对较强的公司，一般要求的风格是 Business Formal（商务正装），尤其是在面对客户时，以西服套装、衬衫为主。

（2）大部分外企的着装要求是 Business Casual（商务休闲风），不用每天都穿西服，偏休闲的衬衫、裤装都可以，但是禁止穿牛仔裤、短裤、运动鞋、T 恤。

（3）风格相对自由的互联网等民营企业则基本是Casual（休闲风），什么衣服都可以穿。在这样的公司穿得过于正式（如西装之类的）反而会让人觉得奇怪。

一个公司的着装风格往往代表着公司的文化。以前的IBM被称为“蓝色巨人”，销售员见客户的标配就是笔挺的西装，精致的蓝色或白色衬衫，人手一个厚实的黑色Think Pad，代表的是企业稳重严谨、专业的形象。可是时代在变，产品在变，文化也在变。进入AI时代后，当乔布斯、扎克伯格等人都穿着T恤、牛仔裤公开演讲时，IBM的文化也越来越敏捷，流程越来越精简了。IBM期待无论是在内部还是外部，都能展现出一种更创新、更有活力的形象。因此，对员工的着装要求也变得宽松起来。于是，现在的IBM员工也开始穿着牛仔裤、运动鞋去上班了。卖掉了个人PC业务以后，内部的员工也用起了Mac Book和iPad，办公室也不再是沉闷的黑白灰色调。除去正襟危坐的会议，员工们也开始席地而坐，在更具有创新性的环境中开会和办公了。领导们开会时都穿上了轻松的Polo衫和牛仔裤，在演讲时也讲起笑话来，在外界看来，与之前的IBM人的风貌大相径庭。

有一部很火的电视剧叫《我的前半生》，剧中的职场精英唐晶的穿着就可圈可点，值得女生学习借鉴。

唐晶的工作性质属于专业咨询公司的高级咨询经理，原型是麦肯锡、贝恩这类顶尖咨询公司。前面提到，这类专业公司，如投行、咨询公司、会计师事务所、律师事务所等，通常的着装要求都是商务正装，即西装、衬衫套装，不需要面对客户时可以穿商务休闲装。

唐晶的职场穿搭得体优雅，其秘诀有以下几条。

### 黑白灰最显气质

唐晶在整部剧中的着装都是以黑白灰为主，同时还有驼色、浅蓝等，配色上透露着高级、沉稳。作为职场人的穿搭，不论是新人还是职场精英，都是绝对不会出错的颜色。如果不知道选什么颜色大方得体，那么选黑白灰准不会出错。无论是小黑裙＋白西装，还是纯黑套装，都非常符合唐晶作为咨询顾问严谨、专业的气质。

受职业要求的限制，唐晶的服装偏正式。要找商务休闲风格的穿搭典范，韩剧《金秘书为何那样》中的演员穿搭更适合职场新人。对很多不需要面对客户的内勤职位更适合，尤其是衬衫+铅笔裙的搭配，既不会太正式沉闷，又显得干练优雅，温柔得体。

**适当选择配饰，找到搭配亮点**

唐晶的黑白灰在职场中虽然得体优雅，不过只有黑白灰的话，又难免显得沉闷。如果全身能有一个亮点，就能轻松从一众暗色中脱颖而出。亮点可以是首饰、丝巾，或者腰带，总之，一点点小心思不会显得用力过猛，还可起到画龙点睛的作用。比如，唐晶特别爱戴小巧的耳饰，既不夸张，又很符合职场精英的身份。丝巾也能成为整体装扮的亮点，《欢乐颂》中的安迪，《都挺好》中的苏明玉，都借助丝巾的点缀，既提升了衣服的质感，又增添了几分活泼灵动。

腰带能凸显腰线，轻松改变比例，大长腿说有就有。高跟鞋也被视为女性气质的最佳代表，尤其是在重要场合，有了高跟鞋，女性会自然而然地抬头挺胸，比穿平底鞋更自信。

相较于女士职场着装，男士着装则要简单很多。在符合公司着装要求的情况下，头发打理得干净整齐，鞋子擦得锃亮，再配上一块考究的手表，就已经称得上得体了。

在职场上一定要注意下列着装禁忌。

（1）无论公司的着装要求有多么自由，女性太过暴露的服装都会被视为不专业，如露肩、露背、露胸的衣服，超短裙等。

（2）拖鞋在任何公司都是不被接受的。

（3）男性的衬衫、西服不可以皱巴巴的，袖口的标签要剪掉。

**仪态身材也要好好管理**

都说 25 岁之前的身体是爹妈给的，25 岁之后是自己给的，能够管理好身材的人，也是严格自律的人。这世上怎么吃都不胖的人终究是少数，大部分正常人都属于吃了会胖的，但是只要坚持锻炼就能看到效果。

那些所谓的成功人士，每天的日程表中除了工作以外，一定会给自己安排健身锻炼的时间。以王健林一天的行程（见图 15-1）为例，他每天凌晨 4 点就起床了，虽然一天行程满满，但依然给自己安排了 45 分钟的健身时间。

11月30日王健林行程

| 时间 | 安排 |
| --- | --- |
| 4:00 | 起床 |
| 4:15-5:00 | 健身 |
| 5:00-5:30 | 早餐 |
| 5:45-6:30 | 前往机场 |
| 7:00-12:15 | 雅加达飞海口 |
| 12:20-12:45 | 到达海南迎宾馆 |
| 12:45-13:00 | 海南领导会见 |
| 13:00-13:20 | 海南万达城项目签约仪式 |
| 13:20-14:10 | 便餐 |
| 14:10-15:00 | 前往机场 |
| 15:00-18:10 | 海口飞北京 |
| 18:30-19:10 | 到达办公室 |

图 15-1

对这些企业家来说，高负荷的工作，每天只能睡三四个小时，没有一个好身体是万万不行的。选择锻炼身体，一开始或许比较困难，但只要坚持下来，就会成为习惯，更能看到日积月累持续锻炼的好处。

在职场上，那些能把身材管理好，全身上下没有赘肉的人，也能向他人证实自己的毅力和决心，能够对自己狠下心，并且非常自律的人，工作上往往也能保持良好的习惯并持之以恒。

我的一个在咨询公司工作的学员 Lily，前一阵和我聊天提到，最近她被升职加薪了。恭喜她的时候，我问她升职的秘诀是什么，她说她是他们组体力最好的人。咨询的工作强度大是众所周知的，为了赶项目进度，加班加点是常事。有时到了晚上 10 点，大家仍然要针对某个具体的问题展开激烈的讨论。同年入职的小伙伴们背景、能力都不差，可是一旦进入深夜讨论环节，大家的体力差异就体现出来了。而 Lily 就是那个除了老板以外，每次讨论到深夜时，项目组里唯一一个头脑清晰的人，所以成了老板倚重的员工。

到新的项目开始时，老板在团队内甄选项目经理，团队中的其他成员听说项目周期异常紧张，难度不小，纷纷不敢请缨，只有 Lily 对自己的能力和体力颇有信心，毛遂自荐，争取到了这个机会。老板看 Lily 承担的项目责任重大，周期又紧，于是主动给她申请了 30% 的加薪，并破格升她做了项目经理。

这是在职场升职故事里，我听到的最朴素平淡的一个。Lily 单单凭借比别人的精力旺盛、能熬夜，机会就落到了她的身上。想想又极为合理，身体是工作的本钱，多少止步于升迁的人，都是因为体力不济，承担不起更大的工作职责。

当你看到那些职场精英以超过常人 3 倍的速度升迁时，不妨问问自己，每天只睡五六个小时，第二天仍精神焕发地工作 10~12 个小时，你做得到吗？工作能力有没有先撇在一边不说，单是这样的好体力，都需要靠持之以恒的锻炼才能获得。所以，像王健林这样的富豪，60 多岁了还能每天工作十几个小时，确实让人佩服得五体投地。而其中的奥秘自然离不开他坚持锻炼带来的好身体。

## 2 塑造职业化行为

时代在变，流行事物也一直在变，不过在职场上，衡量一个人职业化的标准却没有太大变化。除去一个人的谈吐打扮，外在行为最能体现出他是否职业化。

### 专业——做专业的事，说专业的话

职业化的首要表现是专业。所谓专业，就是让他人对你的能力和工作成果信服，你说话做事都要符合岗位的要求。达到专业水平靠的是硬功夫、真实力，容不得半点虚假。

2017年的维密大秀上，来自中国的模特奚梦瑶摔倒在舞台上，有人觉得这不过是个意外，不必苛责。可是作为一个模特，她的工作就是走秀，台步稳是起码的要求，不管舞台什么样、现场多么嘈杂，都不应受到影响。所以，在同样的条件下，其他模特都发挥稳定，偏偏奚梦瑶摔倒了，被人评价“不专业”一点不为过。

这就好像是一个拿手术刀的医生把伤口缝错了，导致病人伤情恶化，大家自然会质疑这个医生的专业水平不佳。

在专业上登峰造极的人，是真正热爱自己事业并不断钻研精进的人。登峰造极的典范，在古代有庖丁解牛，在当代有把寿司做到极致的“寿司之神”小野二郎。虽然他们的工作非常平凡，但是他们投入其中，不断钻研，才把技艺练得炉火纯青，从而独步天下。

既然选择了一份工作，就要清晰了解这个职位的具体要求，知晓优异表现的评估标准，然后朝着这些目标不断努力，提升专业水平。更要观察这一领域的前辈、业内“大咖”，看看他们平常是如何表现的，找到差距，向优秀的人学习，让自己成为和他们一样的人。

著名的一万小时定律中提到，在某一个领域中至少投入一万个小时，才称得上在这个领域有专业水平。如果按每天工作8个小时来算，积累一万个小时大概需要五年的时间。所以，做到“专业”二字没有什么捷径可走，就是多花时间，修炼硬功夫。

无论是晋升还是跳槽，被检验的第一要素都是专业水平，这将决定候选人是否能胜任未来的新工作。那些在职业发展中停滞不前的人，往往是在专业能力上无法突破的人。

### 敬业——珍惜和尊重每一份工作

有些刚毕业不久的年轻同事，上班总是迟到，一听说要安排加班就有各种理由推托。且不说他们的工作成果怎样，单是这样的工作态度就令人担忧。

对职场新人来说，本来专业水平上就和老同事有很大差距，要是工作还懒散，缺少敬业态度，升职加薪几乎没什么可能。

老板最不愿看到的就是，下属仗着小聪明偷奸耍滑，不认真工作。如果说要做到专业化就需要时间积累、工作历练，那么要做到敬业则更多地取决于员工的心态。

一个上班总是迟到，一提加班就叫苦连天的员工，老板是不会放心把重要的工作交给他的。

敬业的本质是对工作的尊重和敬畏。正是由于珍惜每一份工作，才懂得尊重周围的同事、客户，认真对待工作中的每一项任务，不会因为多改几遍文稿、多跑几趟路就怨声载道。

我在咨询公司曾带过一个同事叫 Jack，他毕业于二线城市的一所普通大学，天资、悟性都不属于同一批入职的新人中出类拔萃的。但是 Jack 是所有人中最努力的一个。每天他都是第一个到公司，上班时间是 9 点，他一定会在 8:30 前到公司，即使是周末加班，他依然保持 8:30 前到公司的习惯。天分、见识并不突出的 Jack，在刚开始参与内外部研讨时并不出彩，能明显看出他的悟性和反应速度都很一般。大概是知道自身的弱势，作为咨询行业的新人，Jack 用了三个月的时间反复研读公司的项目文档，每次听完同事的讨论，他都认真地写下会议纪要，并及时和老同事交流学习。在客户现场，虽然他提不出什么惊人的见解，但每当提及客户公司的具体情况时，他都了解得非常清楚，一看就是下功夫认真研读了客户资料。他完成项目方案也比一般的同事慢一些，却是按照老板的要求一条一条做出来的，不会偷奸耍滑。不管什么样的苦活累活，交代给他的时候他从不抱怨，都是一份欣然接受、保证认真完成的乐观态度。

刚开始带 Jack 的时候，我觉得他不够灵光，反应慢，辅导他时需要不厌其烦地解释、交代。可是时间一长，我发现他对工作的认真态度非常难得，而且他肯钻研、爱思考的品质逐渐凸显了出来。看到他，我总能想起金庸笔下的郭靖，哪怕资质平凡，只要个性淳厚、目标清晰，认认真真修炼，终可成为一代大侠。

咨询顾问本来就是工作强度高、压力大的岗位，看似光鲜，其实非常辛苦。一个个项目时间节点压在那里，加之客户的苛刻要求，加班加点是再常见不过的，很多应届生往往承受不了其中的辛苦，少则半年，多则一年就开始动摇了。能够在咨询行业坚持下来并最终有所成就的人，往往不是那些自认为聪明的天之骄子，而是认准了目标后能坚韧不拔投入其中的人。

所以，像Jack这样的新人，哪怕专业上有所欠缺，只要工作态度积极认真，愿意下功夫学习，假以时日终会有所成。果不其然，一同入职的应届生陆陆续续地离开了，但Jack认准了咨询的事业，从未动摇。无论是在公司内部还是在外部客户心中，Jack的勤恳、认真都为他赢得了良好的口碑，他的工作业绩也越发优异。在他工作的第6年，公司破格晋升他为业务总监，并授予他初级合伙人资格，Jack因此成了公司有史以来晋升最快的员工。

### 守信——建立你的职场信誉度

“拖延症”几乎成了现代人的通病，在越来越紧张的工作和生活节奏下，很多人都认为自己有“拖延症”。不过在职场上，千万不要给自己贴上做事拖延的标签，更不要假设他人总有足够的耐心。

> 我就碰到过有严重拖延症的下属，她叫小冰，交代给她工作时她都答应得很好，问她有没有问题时也说没有，结果到了要成果的时候她却总是有各种状况，如供应商不配合、网络不稳定等。一开始我也没太在意，不太着急的事情拖上一两天完成也情有可原。可是事不过三，当我发现小冰拖延的情况越来越多时，我不得不怀疑小冰的工作能力和工作态度了。于是我认认真真地和小冰谈了一次话，询问她做事拖延的原因，并告诉她，由于她的拖延，已经严重影响公司其他同事的正常工作进度，如果不能改进，那只好给她调岗了。这下子小冰意识到了自己问题的严重性，承诺以后一定改进。
>
> 在那次谈话后，小冰也确实有所改进，大部分工作都能按时完成。对于预料到有可能会出现问题的任务，她也会提前向我报备，寻求指点。保证了和上级的同步沟通后，即使有拖延的情况，由于前期打了预防针并做好事先预案，也会将负面影响降到最低。

小冰的情况代表了很多人，在拖延这个病症上，并不是无药可解。当总是给自己留有借口时，就有了充分的理由拖延下去。但是，假如拖延的结果是丢了工作，失去了涨薪的机会，那么人人都会警醒起来。

所以，要么就不承诺，一旦承诺就要做到。这就像是在别人心目中建立了信用账户一样，你不断地储存信用，信用等级才会越来越高。

# 第16章

# 管理精力胜于管理时间

在如今这个人人都忙忙碌碌的社会，工作强度高、压力大，很多人长期睡眠不足，时刻保持头脑清醒并不容易。有靠咖啡、奶茶每天“续命”的，也有靠去健身房恢复体力的，那么除此之外，有没有更加科学的方法让我们保持头脑清醒呢？

首先要知道，一个人的思维能力是可以后天培养和训练的，另外，每个人的潜能是无限的，只要有意识地去开发，就可以挖掘出自己的潜力。

观察那些成功人士，第一个显著的特征就是精力充沛，他们往往比别人起得早、睡得晚，却还能保持旺盛的精力和清醒的头脑，也由此拉开了和普通人的差距。

结婚生子以后，我的工作也变得越来越忙，日程越来越满，既要带孩子，又要忙工作，比起单身的时候真是忙碌太多了。虽然体力不如以前，但是我也算主动或被动地做了很多事情，真是发现了自己的无限潜力。

我在北京大学读EMBA（高级工商管理硕士）时，同学基本都是管理着企业的大老板，年龄在40岁上下。我们的课程安排通常是连上4天，大家每天都要在7点前起床，8点半开始上课，晚上下课后还有聚餐等活动，常常要到晚上12点以后才能睡觉。可是到了第二天早上，同学们又是早早地到了教室，精神饱满地和老师同学讨论各种问题。上课期间，同学们还要在课程间隙处理公司的工作，午饭和晚饭时间看似轻松，也都在结交朋友，畅谈合作机会。更让人惊讶的是，不少人在这种忙碌的状态里还坚持每天跑步、踢球等，每一件该做、想做的事情都没落下。可见，没有好的体力，根本无法成为成功人士。这里面比维持体力更难的是保持清醒的头脑，不断地迸发灵感。

物理学中有个“熵增”的概念，是指事物从有序到无序的过程。心理学家又发明了“精神熵”（又称心熵）的概念，专门用来形容人的思维、意识从有序到无序的过程。当心熵比较高时，在大脑一片混乱的情况下，做事能力低、效率低，很多心理能量都会浪费在内耗上。反之，当意识集中、思维清晰时，大脑就会进入高效产出的状态，这时的心理状态会到最优，会尽情投入其中而浑然不觉，甚至忘记时间的流逝，心理学家把这样的状态称为“心流”。

我们要做的就是通过不同的方法来训练自己的思维意识，拥有这样的“心流”时刻。

## ① 保持良好的作息

以前我一直认为晚上才是一天最美好的时刻，没有了工作的紧张感，才能真正地放松。上网、追剧、锻炼、和朋友聚会……我把晚上的时间安排得满满的。原来定好的晚上 11 点睡觉，不知不觉就拖到了 12 点，结果到了 12 点又想，反正已经晚了，再晚一点也没太大关系。就这么拖来拖去，等到真正入睡的时候往往已凌晨两三点。晚上虽然愉悦轻松了，可带来的弊端也显而易见。早晨不想起床，好不容易挣扎着起来，发现根本没时间吃早饭，只好匆匆忙忙赶路，上班时更会昏昏欲睡，完全没办法保证当天的工作效率。长此以往，不仅精神状态不佳，更是影响气色，黑眼圈、眼袋都爬到了脸上。

后来我终于下定决心改变这种状况，于是先从早起开始。我的闹钟设为每天早晨 5:30，闹钟一响马上爬起来，洗个脸让自己快速清醒，然后开始读书写作。由于早晨起得早，到了晚上 8 点就开始犯困了，还没想着熬夜睡意就袭来了，根本熬不到晚上 12 点。刚开始时是晚上 11 点左右睡觉，后来我逐渐调整到了晚上 10 点到 10 点半睡觉。一个月后，身体形成了记忆，这种信息成了自然的习惯，于是不用闹钟，6 点前我肯定就醒了。

开始早起以后，我最大的体会就是，每天多出了好多时间，日子过得从容多了。早晨 6~8 点，我写作或是做计划，有时候去跑步和练瑜伽。由于前一天晚上睡眠充足，第二天的精神特别好。再加上早晨没人打扰，做事情的效率也特别高。当我在早晨把一天中最重要的事情做完后，心情也跟着舒畅了很多，对这一天都充满了希望，白天的工作效率也会很高。

> 我的朋友晶晶也是个早起爱好者。她早起的动力最早来自减肥。晶晶身材娇小，长相清秀，因为从事的是设计工作，常常要熬夜出稿，饮食作息都极不规律。当她看着镜子中逐渐发胖的自己时，立志要减肥。她选择了从跑步开始，于是每天早晨5点就起床先去跑步，出一身汗后回来洗个澡。看离上班的时间还早，她索性拿起画板自由地画起画来。她特别享受这种不被他人打扰、随心所欲画画的美妙时光。她画画时没有老板的督促，也不用满足谁的喜好，完全是为了自己，这是属于自己的时光。画完画，她还会认真地为自己准备一顿丰盛的早餐，以及少盐少油的健康餐，然后怀着充实快乐的心情开始新的一天。就这样坚持了两个月后，晶晶不仅瘦身成功，培养出了长跑的新爱好，更是在每天的自由创作中获得了很多的灵感，设计水平也获得了提升，受到了领导的称赞。一年后，她还成功地跑完了一个全程马拉松，身材紧致结实，健康饱满的状态让人羡慕极了。

可能很多人会说：“我当然知道熬夜不好，早起有很多好处，可是我就是做不到啊，怎么办？”

首先，不要迷信早睡早起，如果做不到早睡，那么第二天还是要坚持早起。这样由于第二天严重睡眠不足，到了晚上就会早早地犯困，那么第三天的早起就会相对容易些。按照这个思路来调整，只有在晚睡的第二天痛苦一些，后续的几天就能调整到正常作息。不能因为一天晚睡，就开始晚起，然后又回到晚睡晚起的死循环里。

其次，对于有可能会导致自己晚睡的事物，要尽量放到自己不易看见和拿到的地方。现在很多人晚睡是因为睡觉前一直放不下手机，看手机能放松、和他人互动，确实很难割舍。

一般来说，当家里买回来一堆水果时，每次最先被吃完的既不是好吃的苹果，也不是昂贵的车厘子，而是香蕉。为什么呢？因为香蕉不用放到冰箱里，而且不用洗、不用切，吃起来最方便省事。由此可见，当一个东西能被轻易地看见和使用时，要抵制这种诱惑是很困难的。

为了避免老想看手机的冲动，在准备上床的时间点就不要把手机带到卧室，或是直接设成自动关机。只要手机没在手边，自然就懒得去拿了。看看书，或者深呼吸、冥想等，都能帮助你快速地进入睡眠。

## 2 尝试冥想

冥想对训练专注力非常有效，这是被无数人验证过的方法。

冥想有一股神奇的力量。哈佛大学的研究指出，每天进行冥想非常有助于获得内心的平静，缓解压力和焦虑。

冥想就是专注在自己的呼吸和意识上，让烦乱的思绪平复下来，进入深度的平静。有一个比喻很形象 —— 大脑像牢笼，各种想法和思绪像鸟儿一样在牢笼里飞来飞去，冥想就是让这些鸟儿安静下来的过程。

做冥想并不容易，需要找到适合自己的方法，并长期坚持下去才能看到成效。只要坚持下来，就会不可自拔地喜欢上冥想，把它当成和每天吃饭、刷牙一样的习惯。乔布斯就长期做冥想，他曾经专门去印度游历，回来以后又跟着导师乙川弘文坚持禅修。他的房间几乎什么都没有，空空荡荡的，方便打坐。

冥想对乔布斯的影响很深远，有一个小故事很有趣。

> 当乔布斯和沃兹在研制苹果二代电脑时，长期习惯静坐冥想的乔布斯发现计算机中的风扇让人心神不宁，直觉告诉他，用户不会喜欢自己的桌子上噪声不断。于是他们寻找供应商，解决了电脑中的风扇问题。这才有了后来极致静音的产品 ——Mac 电脑。
>
> 当有人问乔布斯是怎么设计出伟大的产品时，乔布斯说是依靠直觉，而直觉就是静坐冥想的直接获益。
>
> 著名的电影导演大卫 • 林奇也是冥想爱好者，他坚持了 30 多年静坐冥想。他在关于静坐心得的《钓大鱼》一书中写道：
>
> “静坐很像充电，这样的能量不是从外界来的，而是从自己身体里面来的。每个人身上都有这么一个地方，那里有源源不断的智慧、创造力、快乐、爱、能量和平静。”

很多人做冥想时思绪混乱，往往连几分钟都坚持不下来。只要闭上眼睛，就会有无数个念头冒出来。越是想努力保持思绪平静，越容易焦躁。这时可以采用数息的方法，集中意识到呼吸上，念头一分散，就拉回来关注呼吸，默念“呼—吸—呼—吸……”要知道，呼吸是意识的锚，只要关注呼吸，就能集中精力。

还有一种情况是，一做冥想就容易昏沉，很想睡觉。这种情况说明身体很疲劳，处于缺乏睡眠的状态，那么不妨睡个好觉。冥想要是能帮助你提升睡眠质量，也算歪打正着，所以不必纠结。

关于打坐、冥想、正念等是系统化的体系，很难在此用一两句话说清楚。如果大家感兴趣，可以选择相关的书籍、讲座等深入了解练习。

## 3 坚持运动

运动是很有效的让人恢复精力的方法，有些运动还能训练人的专注力和意志力，这对于每天要进行大量思考的人来说是不可或缺的。我曾经问过很多企业家朋友，他们每天保持精力充沛的秘诀是什么，十个人中有八个会回答：坚持运动，而且很多人对某一项运动能坚持10年以上。当运动成为和吃饭、刷牙一样的习惯时，坚持运动就变得非常自然，不再是那么痛苦的事情了。反而是哪天没有运动，就会变得很不舒服。

运动更是能够有效地缓解人的压力，让人兴奋起来。因为运动时人的身体会释放内啡肽，这是一种让人兴奋的物质。

> 我的一个闺蜜在生完孩子以后身材走样，天天照顾孩子，缺乏睡眠带来的焦虑让她患上了产后抑郁症。后来她开始每天在小区里散步，还去健身房找了私教锻炼。半年之后，闺蜜逐渐恢复了生孩子之前的纤细身材，心情基本平复，状态也越来越好，彻底告别了产后抑郁。产假结束的时候，她以全新的面貌重回职场，还是那个自信满满的白领丽人。

我身边的企业家朋友们，有不少是跑步爱好者。跑步无疑是一项非常简单的运动，无须借助任何器材，随时随地即可开始。跑步还可以和自然连接，感知自己身体上的一点点变化。无论是为了减肥还是纯粹为了保持健康，跑步都非常有效果。很多人更是把跑马拉松作为目标，只要开始跑马拉松，就像上瘾了一样，开始在世界各地跑马拉松打卡。当我观察身边热衷跑马拉松的朋友时，发现他们基本上都身材苗条、神采奕奕，虽然也是人到中年，却由于对健康生活习惯的坚持，并没有一般中年人的油腻，看上去也比同龄人年轻很多。

我所敬佩的作家村上春树也是跑步爱好者。他从 33 岁开始每天坚持跑步，持续 30 多年从不间断，并且每年参加一次马拉松。他说："我写小说的许多方法，都是每天清晨沿着道路跑步时学到的。"

## 4 热爱读书

在当今智能手机无所不能的时代，很多人的碎片时间都被手机上的朋友圈、微信公众号、抖音等占用了，能够静下心来认认真真读一本书的人越来越少。加上纸媒的没落，买书的人也越来越少了。你是否记得自己上一次读书是在什么时候，读的是什么书？

大家可以试着回忆一下自己上一次读书的感受与刷了 2 个小时手机有何不同。

拿我自己来说，我读书通常是在夜晚昏黄的灯光下，抑或是在下午温柔的暖阳中。当指尖轻轻拂过书页，以一份不急不躁的心情与作者在书中相会，领悟那些文字背后有趣的思想，不知不觉就会过去一两个小时。合上书本后，再细细回味刚才的文字，随手记录下阅读心得，会觉得阅读的时光非常有价值、有意义，顿时便心满意足。

反之，假如我用了 2 个小时刷手机，无论是微博、微信还是抖音等，刷完后除了发现刚才的某些内容挺好玩的，其他就什么收获都没有了。过后脖子酸、眼睛疼不说，还会头脑昏沉，难以入睡。在地铁上、公交上的碎片化阅读，读读新闻还是可以的，但要是想吸收相对系统的知识，或者获得愉悦的阅读体验，基本是不可能的。

有人说，现在有很多听书音频、解读音频，完全不用花时间从头到尾去读一本书，这样更高效，还省事。确实，听书比读书更方便，尤其是在上下班路上。但是，读书的乐趣正是在于有巨大的想象空间，正如“一千个人眼里有一千个哈姆雷特”，读书是完全由自己来掌控的自由。听书则是听别人对书的理解和阐释，作为对书的初步了解还行，但是却缺少了发挥自我想象力的乐趣，也失去了独立思考的机会。

著名投资人芒格是巴菲特最好的合作伙伴之一，现在90多岁了，头脑依然很清醒。他和巴菲特的投资公司在世界500强中一直处于前10名的位置。芒格就是个特别爱读书的人，无论去哪儿，他都随身携带一本书，哪怕是坐在经济舱的中间位置，只要能读书，他都能安之若素。

芒格曾说：“我这辈子遇到的聪明人没有不每天阅读的——一个都没有。我的孩子们都笑话我，他们觉得我是一本长了两条腿的书。通过阅读和‘已逝的伟人’交朋友，这听起来很好玩。但如果你确实在生活中与‘已逝的伟人’成为朋友，那么我认为你会过上更好的生活，得到更好的教育。”

芒格读书的类别相当广泛，对不同学科的涉猎，帮助他形成了独特的多元思维模型，并开辟了人类误判心理学。在他和巴菲特的合作下，他们把伯克希尔·哈撒韦公司的市值翻了13500倍，从最初1000万美元的市值到了1350亿美元。

很多知名的企业家都有阅读的习惯，举例如下。

- **巴菲特每天要花5~6个小时阅读。**
- **比尔·盖茨每年至少阅读50本书。**
- **埃隆·马斯克每天读2本书。**
- **马克·库班每天要阅读3个小时。**

……

中央电视台的主持人董卿，在主持《诗词大会》时，对于很多古诗词常常脱口而出，使用得恰到好处，让人非常佩服。这与她自小喜爱读书，长大后也保持读书的习惯有很大关系。董卿曾分享，睡觉前她不把手机带到卧室，这样临睡前就只能看看书，于是也就杜绝了刷手机的念头。如果你是习惯性在睡前刷手机的人，不妨试试这个方法。

上述方法对于内向型和外向型的人来说，具体操作起来又略有不同。内向型的人更爱独处，在热闹的环境、人多的场合会无所适从；外向型的人则更爱社交，在和陌生人或熟人的交际中如鱼得水，反而是独自一人时颇感无聊，特别渴望和团体在一起。

所以，在获得清晰思绪这件事上，内向型和外向型的人也有不同的适用方法。内向的人必须要独处，在安静的状态下进入深度思考，思路才会越来越清晰，重新获得能量。我自己也属于这种类型，当我去参加各种热闹的社交活动时，总会非常疲惫和不安。一旦进入独处的状态，瞬间就会轻松下来。自己做做冥想，调整调整思路，很快就能重振精神。

外向型的人则可以通过和他人的交往、聊天、探讨问题获得清晰的思路。和他人的思维碰撞、脑力激荡，让他们兴奋；融入周围的朋友、同事，在交往中获得认可和称赞，则让他们自信满满，充满能量。

当然，上文提到的冥想、运动等方法对哪种类型的人都适用，只是针对不同性格的人达到的效果会有所不同。不管是哪种方法，只要坚持下来，就能获得水滴石穿的效果。如果你坚持的方法恰好与你的个人兴趣一致，那么坚持下来就没有太大的难度。

# 第17章 保持积极乐观的情绪

在职场中并非事事如意，压力大、精神紧张是现在职场人的常态，哪怕是“90后”，被巨大的生活压力所迫，要么彻底无欲无求，成了“佛系青年”；要么承担着与年龄不相符的压力，早早加入了脱发的行列。尤其是在北上广工作的年轻人，北上广的房价高得离谱，交通堵塞，雾霾严重，因此很多人都在纠结——该不该逃离北上广？

职场女性就更不容易了，好多姑娘一不留神到了30+的年纪还没结婚，男朋友谈了几个却没有一个靠谱的，被家人催了几年后，自己也很焦虑，对未来感到迷茫、不知所措……

已经有了家庭的“80后”也到了上有老下有小的年纪，家庭需要照顾，工作又面临瓶颈，机会减少，竞争愈发激烈，每天过得非常惶恐……

很多人抱怨生不逢时，没有早出生几年，赶上压力没那么大的时代。要知道，每个时代都有让人无比爱恋的东西，当然也有让人厌倦的东西。我们既然享受了互联网时代带给我们的便捷，就要接受生活在这个时代的种种压力。既然无法改变时代，那我们能做的就是，在有限的区域里调节好情绪，积极应对每一天的困难和压力，但求无怨无悔。

## 1 人人都有选择的权利

心理学里有个著名的ABC理论。人们在遇到事件的刺激后会获得一定的情绪反应，但是在从事件 A 到反应 C 之间，还存在选择的自由 B，用来解释事件为何产生，将带来哪些影响。我们无法改变事情的发生，却能决定面对事情的心态及看待事情的角度，这种心态将给我们带来不同的情绪。

假如星期五的下午，你满心欢喜地安排了周六与好朋友的聚餐，然后一起逛街看电影，结果老板忽然宣布，周六需要你加班一天，这时你会有什么反应？

一般人也许会想："哎，真倒霉，怎么加班的偏偏是我？"于是从周五晚上就开始心情郁闷，周六加班时也怀着一股怨气，工作上自然不会有什么出色的表现。

现在换个角度来看待周六加班这件事，找一找积极的理由。比如，周六要去加班，也不全是坏事，原因如下。

- **说明我不用四处去找工作，还有班可加。**
- **能者多劳，至少说明我还有一定的工作能力。**
- **把别人休息的时间用在工作上，我可以收获更多经验。**
- **做得多，学得多。**

这么一想，哀怨的心情就会减轻不少，加班时的成果自然也会有所不同。

我以前带团队时常常面临团队加班的情况，尤其是月底，不过其他时间的工作量还比较正常。我发现团队中的 Rebecca 一到月底就异常焦虑，让她做的表格也总是出错。

后来我跟她谈话，她向我诉苦。

"领导，我也不想搞成这样。因为工作量实在太大了，常常要忙到晚上 12 点才能结束。我回家面对老公、孩子时特别愧疚，所以就想早点做完早点回家。结果反而越着急越出错，越出错心情越烦躁，就总是做不对。"

于是我问她："你认为加班太晚是愧对家人，那么除了月底，平日是不是基本能正常下班，早早回家照顾家人？"

"嗯，除了月底那几天，其他时间还挺正常。"

"那你的家人支持你现在的工作吗？"

"支持，他们认为现在的公司平台好、文化好，工资待遇各方面都不错，支持我在公司长远发展。”

“那你晚回去的时候他们有什么抱怨吗？”

“我回去的时候多数情况老公、孩子都睡了，第二天倒也没说什么，但是我自己老觉得太晚回去对不起他们。”

“那换个角度想想，你晚上加班的这几天，对家人有什么好处吗？”

“好处？”Rebecca陷入了沉思，沉默了几十秒后，忽然像发现了什么。

“平时我正常下班回家时，都是我负责做饭，还要带孩子上课外班，老公就在家里看看书、刷刷手机。我加班的那几天晚上，老公从来不做饭，都是带孩子在外面吃饭，然后他们在附近的商场玩一玩再去上课。老公和孩子有了更多的相处时间，感情也更融洽了。所以也不是全无好处，他们偶尔去外面吃饭还挺开心的。

接着她又说：“我想通了，其实只有我自己觉得回家晚有愧疚感，对老公和孩子来说，我加几天班他们也没有过得多艰辛，而且还挺开心的。”

想通了这些，Rebecca就没有了心理负担，和公司同事一起愉快地吃完晚饭，然后气定神闲地开始加班，再也不想老公和孩子的事了，工作专注多了，效率和质量得到了明显提升。

在工作和生活中，不如意的事情很多，抱怨和抑郁对生活和工作没有任何帮助，我们能做的就是像Rebecca一样，转换看问题的角度，保持积极乐观的心态。

积极乐观不是“吃不到葡萄就说葡萄酸”的简单评判，而是经过思考后从更加正面的角度看待问题，积极行动，从而获得正面的情感体验。所以，当意识到眼前的这一串“葡萄”自己吃不到时，不是说一句“葡萄太酸了”就一走了之，而是考虑到眼前的“葡萄”虽然不属于自己，但去别的地方看看找找，也许在自己的能力之内还能吃到其他的“葡萄”。

积极正面的情绪不仅影响自己的工作表现，更会给周围的人带来正面影响。如果一个团队中的人都是死气沉沉的，每天怨声载道，那么原来有积极干劲的人也会变得萎靡不振。如果领导带着忧虑或愤怒的神色，那么下属会更紧张焦虑，生怕做错事情得罪领导，给自己带来更大的灾难。做下属的情绪不好了，回家也许会发泄到孩子身上，孩子生气无处发泄就会踢家里的小猫，搞得小猫上蹿下跳、不得安宁。这就是心理学上著名的“踢猫效应”，可见坏情绪会随着身边人的关系链条一层层往下传递，一个人的坏情绪往往会带来一群人的坏情绪。

除了转换看问题的角度和心态，还有其他方法能帮助我们有效地控制情绪。

## 2 培养能长久坚持的兴趣爱好

当我们沉浸在兴趣爱好中时，往往会得到精神和身体的放松，得到前所未有的愉悦，仿佛只有在这一刻，才找到了真正的自己。哪怕之前有很多的焦虑，当我们投入其中时，也能忘得一干二净。

张岱曾说：“人无癖不可与交，以其无深情也。”兴趣爱好就像是最好的朋友，不管是什么时候，只要你需要，他都在你身边，帮助你缓解忧虑，排解烦恼。

这个爱好不一定是弹钢琴、画画等艺术类的，任何爱好都可以，比如，有的人喜欢走路，有的人喜欢一个人待着看书，等等。无论这个爱好是什么，只要是你喜欢的，并且能坚持很长时间，就都是很好的调节情绪的方法。我们在忙忙碌碌中经历了挫折、苦恼，心情烦躁不安时，兴趣爱好就会成为你重新获取能量的来源。

我有一个朋友叫 Anita，32 岁还没结婚，在一个发展迅速的互联网企业担任产品经理。上级对她要求颇高，再加上还要带领一个小团队，她常常感到身心俱疲，加班到晚上 10 点钟是常事，她完全没有时间谈恋爱，更没有机会结识工作以外的圈子的朋友。当我问她有什么兴趣爱好时，她说从高中起就喜欢网球，虽然水平不怎么样，但很喜欢看网球比赛，更喜欢在网球场上运动、挥洒汗水的感觉。于是我鼓励她重新把网球这项运动捡起来，并且要提前留出时间，做好计划，到了计划的时间一定要强制自己去打球。Anita 选择了周二、周五的晚 6 点及周日上午 9 点去公司附近的网球馆打球，并且购买了网球教练的私教课程，更方便督促自己练习。后来只要一到她预定的时间，

Anita就背上球拍去练球，如果当天还有未完成的工作，她就练完球后再回公司加班，短暂的运动后反而让她的工作效率提升了。原本她习惯在周六晚上熬夜刷剧，也因为周日上午要练球而不得不早睡，而且经过了周日的体能训练后，周一上班的时候体力和心情也愉悦了很多。

前不久她很兴奋地告诉我，她又开始恋爱了。与男朋友也结缘于网球。原来，随着Anita对网球的不断深入学习，她加入了当地的网球社群，大家经常在群里交流打球心得，约着一起练球。她的男朋友也是一名网球爱好者，两人就是在网球活动中认识的。共同的兴趣爱好让他们无话不谈，很快就发展成了恋人关系。

## 3 建立工作中的仪式感

在生活中，仪式感对我们有重要的意义。毕业有毕业礼，生日时吃生日蛋糕许愿，过年时一家人团聚、吃饺子，等等。每当想到这些仪式，我们总会从心底生出满满的幸福感。每次仪式开始的瞬间，就像按了一个“按钮”，所有在场的人员会马上进入状态，投入其中。

在工作中也需要建立这样的仪式感。固定的仪式就像是一个信号，能够触发我们调整好状态，一秒切换到对应的场景中。

比如，早晨开始工作前，我习惯先把桌子擦干净，倒上一壶热水，泡上一杯香醇的咖啡，然后就可以开始元气满满、神清气爽的一天了。

有些人习惯在工作开始前，先把当天的工作计划列出来，写下当天要完成的几个目标。

在需要投入较多时间完成重要工作时，有的人习惯先吃两颗巧克力；有的人会把手机调成静音放到抽屉里；有的人会找个会议室把自己关起来，不和任何人交流……

工作开始前的小仪式，工作中的短暂休息，时间虽然很短，却能发挥调节情绪的功效，况且这些仪式都不是什么要下定很大决心才能做的事情。更重要的是，在固定的时间做固定的事情，形成自然而然的习惯后，就会发挥巨大的功效。

我相识多年的好友文杰，从外企离职后创办了自己的公司，目前公司处于上升的关键时期，他坦言自己总是容易焦虑、紧张。在工作中，他对下属要求极高，脾气暴躁。他也知道自己的问题，也想努力控制，可是总忍不住对下属发火，搞得员工精神紧张。他并不是个善于表达的人，心里烦躁的时候也不会找人诉说。

我建议他在办公室里添置一套茶具、茶台，用喝茶的时间放松自己。于是他把每天下午 3 点定成了下午茶时间，并转告秘书尽量不要在这段时间安排会议。他在办公室门口挂上“请勿打扰”的牌子，专心在办公室里泡茶，不做其他的事情。在他慢悠悠地洗茶、泡茶、品茶的过程中，也在整理思绪，把公司发展面临的问题一条条理顺。他发现，原本紧张的神经，在经过每天喝茶的环节后，得到了极大的放松，虽然这个环节需要花费半个小时的时间，但是对工作效率的提升、对情绪的舒缓却很有效。后来连下属们也渐渐发现，老板发脾气的次数越来越少了。

# 第18章 如何让汇报更出彩？

对每天杂事缠身的老板来说，最不愿看到的就是，下属发来的汇报文档文字太多且逻辑混乱，通篇抓不住一个要点。在这种情况下，老板一定会把文章打回去让员工重写。

那么，一个逻辑清晰、表述明确的汇报类文档应该是什么样子的呢？

## 1 标题清晰，目标明确

现在我们几乎每天都会收到很多邮件，按照习惯，大家首先会通过发件人和标题来判断是否要打开这封邮件。因此，清晰明确的标题就变得至关重要。

领导每天要处理的事情千头万绪，在收到邮件时，最关心的就是邮件有没有把发件人的需求表达清楚。因此，邮件的开头如果能标明“请审批”“供参考”“请指示”这样的字样，再用符号（如{}、【】等）把需要强调的动作标出来，则可以让领导更直接地了解发件人的目的，方便后续安排工作。

下面的标题都是不合格的。

- **12月1日会议后的几点思考（实际内容是自己对新年新项目的规划）**
- **推荐一个好项目（实际内容是对是否开展××项目的可行性分析）**
- **员工××的工作表现回顾（实际内容是，作为项目负责人的发件人想给员工申请奖项）**

上述几个标题的问题在于，没有直接表达发件人的诉求。正确的标题样式应该是，涉及的人物、事件、项目等名称要在标题中写清楚，特定时间、特定情形要具体，需要领导采用的后续行动更要说明。如果事情紧急，还需要在邮件标题中标示，以引起领导注意。按照这样的原则，上述 3 个标题修改如下。

- **2020 年本部门拟投入项目总体规划**
- **【请审批】对 ×× 项目的可行性分析报告**
- **【请指示】为 ×× 申请公司重大技术突破奖的申请信**

## ② 结论先行，直入主题

工作场合中效率第一，大家都希望在看到文件的第一时间就获取最重要的信息，然后及时处理，提升工作效率。

所以，在文件开篇一定要点出文件中最重要的结论，以及需要领导采取的行动——审批、建议还是参考等，以节省领导阅读的时间，并快速得到回复。

> 我曾经收到过这样的一封邮件，一个下属将对某一事件的来龙去脉写得异常细致，洋洋洒洒一大屏都没说完。我好不容易耐着性子读到最后，才发现结果是“此事件目前还在进展中，我们仍在努力协调，如果有新的进展，将向您汇报。”早知道是这个结果，我根本不会关注这个事件的细节，只要知道进展到哪一步就行了。这种汇报的方法，非常耽误阅读者的时间。

比起把结论写在最后的邮件，更让人抓狂的是邮件从头到尾都没有结论，阅读者还要自己琢磨其中的意图。遇到这种情况，我会直接回给发件人，要求他把观点和结论写上后再发送一遍邮件。

除了把结论放在前面，发件人还需要提炼出核心要点，将其放在文档的最前面，让阅读者第一时间获得重要信息。

在写结论段时有以下注意事项。

- **字数不要太多，尽量精炼。如果是电子邮件，那么三四行足矣。如果是PPT，就在开头写一页 Executive Summary（执行摘要），涵盖要点。**
- **直接表明目的，文件发出去是希望对方采取什么样的行动，是审批还是参考还是帮忙干活儿，都要清晰明示。**
- **内容中除了要点明结论，对事情的背景也要有一两句话的交代，让阅读者有个大概的了解，能够有所准备，细节可以在后文中进行交代。**

## ③ 论证有力，尽量周全而不重复

进入正文的论证阶段后，依然要先把分论点写在段落开头，然后提供论据支持。如提供数据支持、事实论证、解释事情的原因、对比分析等。

著名的咨询公司麦肯锡发明了 MECE 原则，即不同的论点之间要确保不重复且没有遗漏。

论证“增加新媒体曝光能够提高产品销量”这一命题时，为确保分论点符合 MECE 原则，论证时先画出逻辑树，然后开始文字写作，在每个论点中补充相应的事实和数据加以支持，让整个论证过程丰满起来，如图 18-1 所示。

职场文章切忌口语化描述，风格也不必太花哨，符合企业的一般行文规律、风格特点即可。

企业在文章风格上的差异，与公司的企业文化有很大关系。像国企、政府机构、事业单位等，企业文化规矩严谨，因此形成了严谨的文风。不仅在文档样式上有诸如常用字号、版式等规定，在措辞结构上也有详细的规定。正式发布的文件则属于公文的范畴，要求就更严格了。公函、公告、通知、报告等，每一种都有对应的范式。因此，作者并没有太多自由发挥的空间，做到合乎规范、简明清晰就可以了。

而民企、外企对文档的格式、措辞、文风等的要求则宽松很多，按照一般的商务风格来写就行。如今随着网络文章的流行，民企、外企的文风也变得活泼了很多，用词也常采用流行词汇，不再像以前一样“端着”，文档也更“接地气”了。

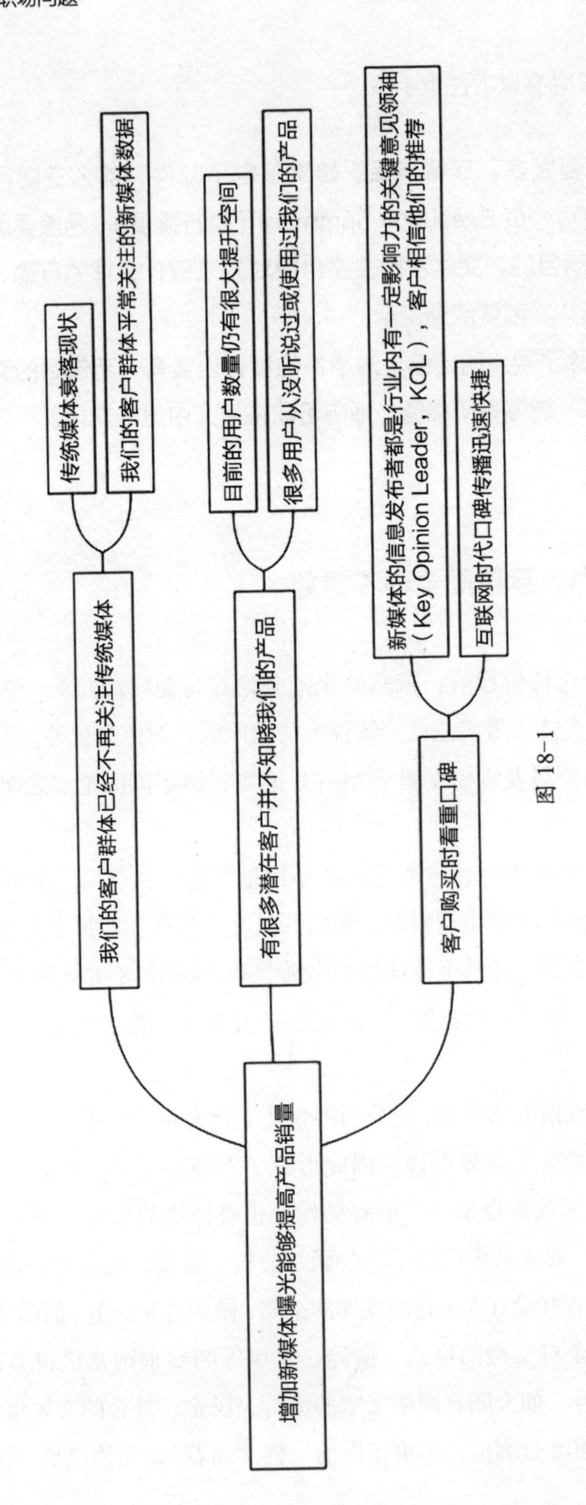
增加新媒体曝光能够提高产品销量
我们的客户群体已经不再关注传统媒体
传统媒体衰落现状
我们的客户群体平常关注的新媒体数据
有很多潜在客户并不知晓我们的产品
目前的用户数量仍有很大提升空间
很多用户从没听说过或使用过我们的产品
客户购买时看重口碑
新媒体的信息发布者都是行业内有一定影响力的关键意见领袖（Key Opinion Leader，KOL），客户相信他们的推荐
互联网时代口碑传播迅速快捷

图 18-1

还记得我刚加入 IBM 那几年，看到的官方邮件一贯严谨、周密，言简意赅，没有一句废话。随着文化越来越提倡创新，内部的重要沟通邮件也用起了网络流行语，大老板在公开场合讲话时也能变身“段子手”，发布政策时从内容到形式都多元了。除了用文字，还会增加小视频、博客链接等，从更柔性的角度宣贯公司政策，潜移默化地影响员工。比起过去生硬地灌输，这样的方式更加有温度、有人情味，也更容易让大家接受。

## 4 美化形式，让你的汇报变得惊艳

一份文档的基本要求是条理清晰、主题明确、文字流畅。除此之外，要脱颖而出，就需要在形式上多花点心思。

形式上的美观得体不是为了炫耀和卖弄，而是从阅读者的角度出发，在第一时间让阅读者有读下去的意愿。试想一下，一篇文章内容丰富，文字有条理，格式和排版却一塌糊涂，这样的文档提交给老板，老板只要扫一眼就会将其打回去。

文档美观大方、整洁清晰，能够给人留下良好的第一印象，更能表现出作者的专业程度和认真态度。

某公司高管在一次公开演讲时，就是栽在了一份 PPT 上。由于那份 PPT 粗制滥造，格式和内容都与公司高大上的形象极不匹配，在引来网友的无数嘲讽后，这位高管还因此丢了工作。

反之，如果汇报的文件形式美观大方，就能起到事半功倍的作用。现在网上有很多 PPT 培训课程、PPT 模板，包括很多公司召开产品发布会时的 PPT，都值得我们借鉴学习。

有一次我将自己部门的过往成就和未来发展做成了 PPT，在开会的时候给美国总部的老板和中国老板汇报。由于 PPT 美观大方、内容精彩，老板们都颇为满意。第二天一早与老板开会讨论其他事情时，他们还特意夸奖我前一天的汇报非常出色，还把即将面向全公司讲 HR 部门新战略的PPT交给我来准备，可谓是充分认可了我制作PPT的能力。

每一次提交成果文档、汇报文档时，都是证明自身能力的绝佳机会，它不仅仅是写好一份文档那么简单，更是凝聚了一个人的思维能力、分析总结能力以及审美水准，因此千万不可大意。

# 第19章 如何高效地组织会议

你可曾记得这样的场景——

参加一个会议，大家讨论的时候毫无主题，自说自话，原定1个小时的会议，讨论了2个小时都没有达成共识。会后老板让你整理会议纪要，结果你发现无从着手。

再或者，开会的时候一直是领导在讲话，当他忽然抛出一个话题，要求大家发言时，由于毫无准备，你只有听其他同事侃侃而谈的份，自己完全插不上嘴，真想找个地缝钻进去……

你原以为去开会只要拿个小本子往角落一坐，领导讲话你使劲点头附和就行，还能顺便刷下朋友圈，想想午饭吃什么、下班去哪儿玩……如此滥竽充数的想法，偶尔一两次还行，又岂是长远之计？

无论是参加会议还是组织会议，做到以下3点，可以提升你在会议中发言的价值，更能让会议变得高效。

## ① 会前准备，心中有数

一个高效的会议离不开会前的精心准备，千万别在对会议内容一无所知的情况下去开会，浪费时间不说，搞不好还会当众出丑。所以，准备准备再准备，做到心中有数，才能不慌不忙，从容应对。

参会之前记得先问自己以下几个问题。

- **这次会议的主题是什么？**
- **日程安排如何？**
- **这次会议要达成什么样的结果？**
- **我的角色是什么？**
- **我应该在会议中提出什么想法？**

管理体系成熟的公司，会议组织方面通常都有标准的流程。比如，开会之前会给所有参会人发送会议材料，材料中会罗列会议目标、参会人等信息，有时还会附上发言人的PPT或发言文稿。

不打无准备之仗，因此一定要在开会前认真研读资料，做到心中有数。为了在发言时言之有物，在对会议主题熟悉的情况下，还要准备好相关的问题，以及应答思路。哪怕没有人提问，也可以抓住时机表达自己的想法，让参会者看到你的能力。

## 2 会议中积极发言、审时度势

参加会议既是向他人学习的机会，也是展现自我的机会。尤其是上级和其他领导在场的时候，别错过每一个可以令自己闪光的机会。

首先，态度要专注积极。领导最不喜欢在开会时开小差的下属，尤其是老盯着电脑和手机的人，哪怕有再紧急的事情，也要以开会为重。如果让领导发现你在开会时忙别的事情，他会认为你不重视会议，更会认为你的时间管理能力太差，主次不分。如果连专注参会都做不到，那么融入讨论、提出建设性意见就更难了。

找准时机，适时表达想法，才是领导所期待的。把握住一个原则——既不要嚣张地通过贬低别人的观点来抬高自己，也不要一味地附和他人，当个和事佬。开会时和谐的气氛虽然很重要，但是领导更想听到有价值的想法、建设性的意见。每次开会都不带着想法来，领导会认为你对工作不上心。

在组织会议观点时，可以借助“六顶思考帽”的框架。这一思想由著名的管理大师爱德华·德·博诺提出，被应用于会议组织中，能够帮助大家更全面、更高效地分析问题，更快达成共识。

这个思想的核心就是，面对同一个问题/任务，参会的人尝试从 6 个不同的维度来思考，迅速厘清思路，解除混乱状态。

（1）蓝帽代表理性和控制，确保会议的主题不偏离、有秩序，并且适时总结。示例：

> “我们现在已经偏离了原来的思考内容，应该回到最初讨论的焦点上，解决客户真正关注的问题，比如……”

（2）白帽关注事实和数据，从中立的角度提供数据和信息。示例：

> “市场调查显示，这次产品的销量提高了 20%，客户满意度提高了 5%……”

（3）红帽代表情绪和情感，也是人们对某一事件的直观感受。示例：

> “关于这次商机，我觉得大家有些泄气。我们再坚持一下，也许很快能看到成果。”

（4）黄帽代表积极和乐观，探索对某一事件的价值和收益。示例：

> “我知道他很忙，出场费很高，但还是跟他联系并邀请他来参加会议开幕式吧。他可能会接受邀请，最多也不过是拒绝嘛。”

（5）黑帽代表谨慎和小心，关注事情的风险和负面影响。示例：

> “我认为可能出现的风险是竞争对手也会降低价格来和我们竞争。”

（6）绿帽代表创新，提供新思路、新想法、新观点。示例：

“如果把汉堡做成方形的，会怎么样……”

假如不知道该怎么表达观点，不妨从上面几个维度找找思路，提前把要点准备好，这样就不用担心被点名时没有思路了。

## ③ 会后做好复盘，及时跟进反馈

每一次会议结束后，都应该及时复盘，看看他人的表现有没有值得学习的地方，自己还有什么需要改进的地方。同时，把会议上明确的任务尽早列出计划，并把重要任务的进展及时向领导总结反馈。这样不仅可以保证和领导的意图一致，还可以在获取反馈的过程中再次改进行动，力求最佳结果。

不管有没有人要求你来写会议纪要，你都要写一份给自己的总结。没有反思和总结，就没有下一次的进步。

每一次会议都应该是你展现自己的舞台，千万别错过这一个个看上去很无聊，却能让你在职场上获得突破和绽放的机会。

## 本篇小结

万事开头难，要快速适应工作，先要从保持良好的心态做起，因为每一份工作都不完美。与其幻想不切实际的完美工作，不如活在当下，找到当前工作的价值和意义。

人在职场，要看场合穿衣服，得体最重要。专业、敬业、守信，是一个人塑造职业性的必备条件。

有人总是抱怨自己工作效率低下，精神不佳，很多时候是由于没有管理好精力。培养良好的作息习惯，坚持运动，调节好工作中的情绪，自然会提升工作效率。

## 本篇练习

**练习一：** 试着列出现在工作的 5 个好处，然后思考这份工作能给你带来什么价值。

**练习二：** 为自己制订一个提升精力的行动计划，一周之后回顾计划的执行情况并改进优化，在下一周继续执行。如此反复一个月后，观察自己的身体变化和工作效率变化。

# 进阶篇

## ——在职场脱颖而出的奥秘

# 第20章 如何发挥优势

回顾一下“优势”的定义——通过近乎完美的表现，在特定方面持续地获得积极结果的能力。这里对优势的定义概括了3个方面，首先，过程中的表现是非常优秀的；其次，结果必须是积极的、有正面影响的；最后，这种积极的成果是能够持续产出的，偶然一次凭运气好拿到大奖，那不算优势，有高频的产出才算优势。

有了天赋不一定能直接转化成优势，这里最难的其实是“持续”二字。

天赋只是被掩藏的种子，只有在工作和生活中发挥出功效，才能真正成为优势。从天赋到优势，欠缺的关键一步就是投入，如图20-1所示。

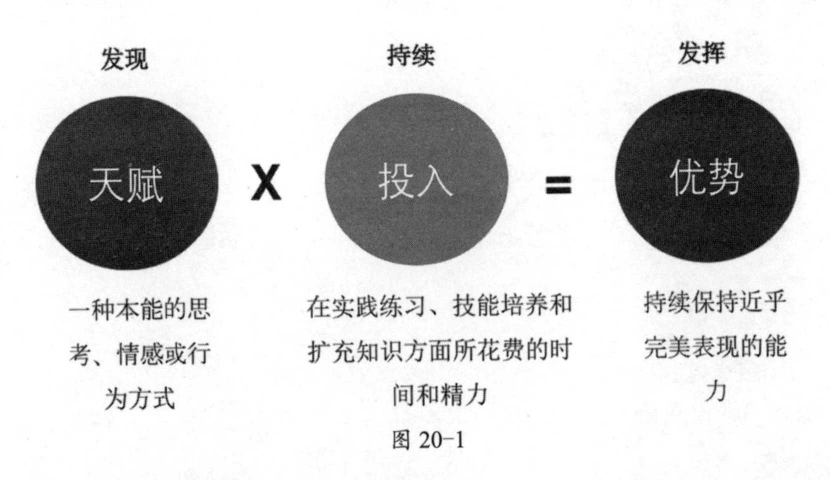


图20-1

在发挥优势时应遵循以下几个策略。

## 1 刻意练习——发挥优势的必经之路

在通往优势的路径中，刻意练习是一条必经之路。

刻意练习这一概念是由美国心理学家安德斯·艾利克森提出的，这里还提到了著名的 1 万小时定律。也就是说，从事某一个领域，从完全不懂到精通掌握，至少需要 1 万个小时的投入。

哪怕是天才型的人物，如莫扎特、达·芬奇，他们也不是单单依靠天分，不投入时间练习就取得成功的。

很多人会感叹："为何我什么都干不好，没有一件事能干出彩的？"那么请问，你在这个领域积累到 1 万个小时了吗？哪怕你再有天赋，不投入时间和精力训练，天赋终究成不了你的优势。

天赋就像锻炼身体一样，只有持续地投入、恒久地坚持，才能看到成果。

> 篮球巨星乔丹上高中时身体条件非常一般，由于身高没有优势，一开始他连校篮球队都没有入选，可见他的天赋并不是杰出到让所有人一眼就能看出来的。正是凭借日复一日的刻苦训练，每次比赛后的反思总结、不断精进，才成就了日后伟大的"飞人"乔丹。

刻意练习不等于一般练习，而是有目的地练习。一般的练习是简单地重复做某件事情，并指望依靠重复来提高表现。

有目的地练习包括 4 个特征：有特定的目标，过程中非常专注，练习后获得反馈，走出舒适区。

### 目标 —— 选择天赋所在的领域并制订投入计划

在刻意练习之前，一定要有一个非常明确的目标，在这个目标的指引下，练习才是真正有意义的。否则，花再多的时间、精力走在错误的道路上，也只能距目标越来越远。

史蒂芬·科维曾说过："我们很容易攀爬在通往成功的梯子上，结果却发现这架梯子摆错了方向。"如果把时间和精力投入在弱势领域，就会收效甚微，事倍功半；相反，如果将时间和精力投入在优势领域，就会明显地看到成果。

> 内布拉斯加大学曾经开展过一项为期 3 年的大型研究，以判定速读培训的最有效的技巧。有超过 1000 位学生参与了研究，他们都参加了培训。培训之前，学生们根据阅读速度被分为两组。较慢的一组学生，培训前的平均阅读速度为 90 个单词 / 分钟；培训结束后，速度增加至平均阅读 150 个单词 / 分钟。但是速度较快的一组学生，培训前的平均阅读速度为 350 个单词 / 分钟；经过培训后，平均速度竟然猛增至 2900 个单词 / 分钟。

由此可见，选择自己的天赋领域，确定目标，投入时间和精力，才能真正把天赋变成优势。天赋就像一块被掩藏的璞玉，哪怕是价值连城的稀世珍宝，缺少后天的打磨塑造，也无法变成熠熠生辉的美玉。

投入时间和精力去做刻意练习的过程，就是一天天打磨璞玉的过程。尽管每天的进步都只有一点点，但是一天天坚持下来，这种日积月累、水滴石穿的进步也是惊人的。

在使用时间的过程中，我们往往是无感的，每天都认为自己过得很忙，有很多事情要做，但是等晚上回头想想，好像这一天也没做什么。出现这种感觉最主要的原因是，我们对每一天、每一周的目标的忽视。

再者，设定了根本不属于自己天赋领域的目标，虽然也能有所成效，但在实现目标的过程中很费力，更享受不到其中的乐趣和成就感。疲惫之余，更会产生焦虑感和挫败感。所以，能够乐在其中并有所成就的秘诀就是，尽量多地使用优势来工作，减少在弱势上的投入。

要记录自己是否在用天赋和优势工作，可以采用优势日志记录法来设定目标，制订计划，自我检索。

以我为例，经过优势测评后，我的天赋为“思维、战略、理念、搜集、学习”，说明我在思考问题、搜集信息、学习新东西、概括总结上有突出的天赋，于是我判断，能让我发挥这些天赋的领域就是写作，而写作也一直是我的兴趣所在。

为了能在写作领域获得成就，2018 年年中时，我将自己的目标设定为，在 2018 年年底前完成一本书的写作。

我的刻意练习的具体计划如下。

每周完成 1 万字的写作，每天完成 2000~3000 字，每周休息两天。同时，我记录下每天完成目标的时间，以便选出发挥自己优势的每天的“黄金时刻”。假如把每天可利用的工作时间定为 8 个小时，就可以计算投入在优势领域的时间占比了。

我某一周的优势日志记录如图 20-2 所示。

优势日志记录表

优势领域：写作

目标：2018年完成一本15万字的图书初稿

周目标：每周完成10000字

日目标：每日完成2000字

第9周

| 星期 | 日期 | 时间 | 完成百分比 | 用时数 | 完成字数 |
|---|---|---|---|---|---|
| 周一 | 2018/10/15 | 7:00-8:00；9:00-11:00 | 114% | 3 | 2280 |
| 周二 | 2018/10/16 | 10:00-12:00 | 114% | 2 | 2271 |
| 周三 | 2018/10/17 | 10:00-12:00 | 134% | 2 | 2677 |
| 周四 | 2018/10/18 | 9:00-11:30 | 0% | 2.5 | 0 |
| 周五 | 2018/10/19 | 7:00-8:00；9:00-11:00 | 121% | 3 | 2418 |
| 本周合计 | | | 96% | 12.5 | 9646 |

总结：

本周写作相对顺利，除了周四没有灵感外，其他日期均完成目标。
为充分利用第二天上午的时间，可于头天晚上列出第二天写作方向。

图 20-2

从第一周开始写作起，我就每天记录总结，基本保证每天用于优势领域（本次选定为“写作”）的有效时间为 2~3 个小时，占一天工作时间的 25%~37%，写作的高效时间段多在上午，通常我能用 2~3 个小时完成 2000 字，一周下来不出意外能完成 1 万字。只要按照这样的频率坚持下来，完成一本书初稿所需要的 15 万字应该是可实现的目标。于是我按照每天上午写作 2~3 个小时、下午读书学习的安排持续了 5 个月，完成了本书的初稿。同时，我每天达成目标后，都在日志上记录下用的时间和对应的成果，看着书稿 2000 字、2000 字地增加，达到 5 万字、10 万字时，我也有了满满的成就感和继续写下去的动力。

由于每天我都能做自己擅长的事情，也能看到直接成果。因此当完成一天的目标后，我总是感到非常自豪和开心。在坚持写作这件事情上，我并没有觉得痛苦和难以坚持。反而是形成习惯以后，每天不写点什么就会感到失落。而若没有完成当天的写作目标，更会产生很强的挫败感。

### 专注 —— 获得成就的关键法宝

如果长时间看不到天赋带来的价值回报，就会很容易怀疑自己在这方面根本没有天赋，进而开始摇摆不定，很难再专注下去。

在优势领域获得成功需要不断积累，如果迟迟没有看到成功，也许是因为刻意练习的时间还不够。做自己擅长的事，获得投入其中的愉悦感和成就感，每天都能收获一份好心情，这就是投入优势领域最大的收获。至于成功，那是发挥优势后自然而然的结果。

奥地利心理学家维克多 · 弗兰克尔在《活出生命的意义》中就提到：

> “不要以成功为目标 —— 你越是对它念念不忘，就越有可能错过它。因为成功如同幸福，不是追求就能得到的……是一个人全心全意投入并把自己置之度外时，意外获得的副产品。”

这里面提到的“全心全意投入”，就是我们谈论的专注。在投入天赋领域、发挥优势的道路上，专注是制胜的关键。

自从智能手机出现后，很多人都患上了“手机依赖症”，不管去哪儿都是手机不离身，每过几分钟就忍不住打开一遍微信，刷刷朋友圈。明明只想打开微信回条消息，结果却被朋友圈或微信文章吸引了注意力，一不留神竟然过了一个小时。本来打算一个小时完成的任务，可能一下子就拖到了 5 个小时。

既然专注如此重要，有什么方法能够保持专注呢?

（1）屏蔽干扰。

在你从事优势领域的练习时，如果总有人打断你，或者你总是忍不住去看手机，就要设定一个不受干扰的时间。

早晨和晚上是无人打扰的最好时光，可以专心干自己喜欢的事情而不被打扰。作为一个有早起习惯的人，我会选择早晨6~8点写作，这时其他人还没开始上班，也没有人发微信来打扰我。而且经过一晚的睡眠，早晨头脑最清醒，效率最高。

如果是朝九晚五的上班族，那么上班时的第一个小时，他人都还在忙着处理邮件或安排一天的繁忙工作，这时也是非常可贵的不受打扰的时光。如果你需要大段的时间来做一件事情，如至少需要2个小时，那可以设定一个不被打扰的时间段并通知到相关的人士，只要不是天塌下来的大事、急事，一般的琐事完全可以暂时搁置。不信你可以试试看，如果有2个小时你把手机关机，不回微信不接电话，看看是不是真的有什么影响。我猜一般不会有太大影响。

要是你的工作性质实在不允许你屏蔽他人，那就选择在上班以外的时间专注做自己优势领域的事情。只要你尝试过与手机隔离的时光，并专注在一件事情上，你必然能感受到其中的乐趣，收获专注带给你的成效。

（2）营造不受干扰的环境。

一个堆满了杂物的办公桌，周围有很多干扰的办公环境，都极为影响一个人的专注力。据说，乔布斯的办公室非常大，里面没有办公桌，也没有其他的家具，只有一个蒲团，用来打坐和沉思。而乔布斯的家里也仅有几件家具，没有任何多余的摆设。为了让他的孩子不被电子设备干扰，他也不给自己的孩子用iPad，人为地把那些干扰他思考的因素都屏蔽在外。

（3）先从短时间的专注做起——番茄工作法。

如果你认为长时间的专注很难，那么可以尝试着从10分钟、20分钟的专注开始。番茄工作法就是一个很好的时间管理工具，能帮助你训练专注力。

番茄工作法的使用方法为，首先设定一段专注做事的时间，比如，每次的时长为半个小时，保持专注25分钟，然后休息5分钟。在这25分钟内一定要专注，不能受一点外界因素的干扰。25分钟到了以后，给自己5分钟的时间休息。然后继续开始工作25分钟，再休息5分钟，如此循环。这样的一个30分钟就称为一个番茄钟。

别小看这短短的25分钟，我曾经做过尝试，25分钟不看手机、不离开座位、不和他人聊天、不想别的事情，真的是不容易。如果真的能做到25分钟内专注地做一件事情，你会发现成果异常显著。

在很多培训中我都提到了番茄工作法的神奇之处。我也采访了一些在工作中应用番茄工作法的朋友，下面是他们使用番茄工作法时的感受。

“刚开始时坚持 5 分钟不看手机都很难，老忍不住想看，不过一想看手机就强迫自己不要看，只要忍住不看，扼杀了这个念头，就能坚持到 25 分钟了。”

“保持专注的时候，集中精力不胡思乱想确实很难，经常做着做着就开始被别的思绪打断，比如，晚上该吃什么饭，今天的球赛谁可能会赢，等等。一旦出现这样的念头，就马上警告自己，默念三声‘专注’，就把刚跑掉的思绪给收回来了。”

“昨天一早我实践了番茄工作法，早晨 5:30 起床，6 点开始设计图稿，没有任何人打扰，我把手机放在根本够不到的地方，忽然就觉得灵感涌现了。于是开始画画，原来往往三四个小时才能完成的设计稿，昨天用了一个小时就完成了初稿。”

“上班时我有一个特别重要的项目报告要完成，于是给自己设定了用两个番茄钟的时间来完成。怕被他人干扰，我专门定了公司的一个小会议室，背对门口，又跟老板和同事提前打好招呼，让大家有急事打我电话，回微信、邮件可能会有延迟。结果这一个小时的时间果然没人打扰我，原本担心若对同事的需求没能及时响应，可能会有人抱怨。可事实上，等我完成报告后再回复，也没有人在乎是不是晚了一个小时。而我在这一个小时的时间里却完成了今天最重要的工作——对报告大纲的构思。”

“我最近一直想把英语口语和听力提升一下，可是每天上班太忙，实在抽不出时间。从上周开始，我每天早上用一个番茄钟来学英语口语，晚上用一个番茄钟做英语阅读，因为没有给自己施加太多的压力，只要保证每次的半个小时能够专注就好。我发现这样更容易坚持下来，这一周感到成就满满。”

（4）绘制愿景板。

对一件事情的坚持，单纯依靠热情并不能持久。随着时间的不断流逝，热情总会消减。

能够激励人不断前进，并获得源源不断的动力的，是人对美好未来的憧憬。

当你不了解自己的优势时，很难回答“我想成为什么样的人”“我的梦想是什么”。这时候需要一个愿景板，想象未来的你要成为的样子。这种想象越具体、越形象，就越能指引你前进。

现在请你拿出一张白纸，绘制自己的愿景板。在纸板的中央画一个人像，代表 5 年后的自己。他是胖是瘦，穿什么样的衣服，背什么样的包，开什么样的车，住什么样的房子，都可以描绘出来。然后在人像旁边分别列出事业、家庭、个人发展方面自己期望的理想状态。

试试看，画完以后自己是不是很激动？仿佛看到 5 年后的那个你已缓缓走来。可以把它贴在你的桌前、床头，经常看一看，把这张愿景图深深地印在自己的脑海里。

当你每次失去动力或无法做到专注时，就想一想这张愿景图，展望一下未来的自己。它能够帮助你迅速拉回思绪，找到动力和信念并聚焦于当下。

（5）找一个偶像。

记得小时候我最喜欢的就是读书写字，即使家里来了很多的亲戚朋友，我也不喜欢凑热闹，只喜欢在自己的房间里写字看书。

当时我最崇拜的作家是三毛，一个无拘无束、勇闯天涯的奇女子。当我读到她在撒哈拉沙漠的故事时，深深地被打动，更对她游历世界的经历充满了好奇。在撒哈拉沙漠那样条件艰苦的地方，三毛却把别人眼里的苦日子过得浪漫有趣。

我希望有朝一日能像三毛一样周游世界，同时也能留下打动人心的文章。

成年以后，我开始读村上春树，除去享誉世界的作品外，更让我敬佩的是村上春树持续产出的能力。从他开始写作起，30 多年来，他每天写作 4000 字，并坚持每天长跑，至今已经跑过多个马拉松。自从把村上春树当成偶像后，我也给自己树立了每天写作 2000 字的目标，以及每天坚持运动。

只要我在写作和运动上难以坚持、有所动摇，我就会想想村上春树，瞬间就会把偷懒的借口都甩开。

> 偶像的激励作用对孩子也同样有效。我儿子今年 5 岁，刚刚开始接触篮球。篮球的初级训练其实很枯燥，儿子总是不想去上课。后来我给儿子看了几次乔丹投篮的视频，并给他讲了乔丹也是靠勤学苦练才成为“飞人”的。渐渐地，儿子不再排斥上篮球课了，反而对上篮球课很期待，因为他的心里已经有了自己的偶像，他希望长大后也能成为和偶像一样的人。

## ② 学习和拓展，放大优势的无限可能

### 让你的优势被更多人看到

前文中提到过，天赋只有在日常工作和生活中得到尽可能多的应用，才会成为真正的优势。可让人困扰的是，即使知道了自己在某些领域有天赋，却不一定有机会发挥。机会从来不是等来的，而是要自己主动去争取，并让他人看到由此带来的成效，这样，机会才会像滚雪球一样越滚越大。

以我的写作为例，一开始出于爱好我开通了微信公众号，后来把公众号的文章发到了朋友圈，很多朋友开始关注并转发我的文章。随着文章传播量的增加，职业问答平台“在行”的编辑找到了我，邀请我开设了职场专栏，后来又有图书策划人约我写书。这些积极的反馈，源于我主动分享了自己的优势，让更多的人看到了我的天赋，从而获得了更多放大优势的机会。

工作中也是一样的道理。你擅长什么，就要让你的老板和同事多看到什么，并给他们留下标签式的记忆。日后有相关机会时，老板才会第一时间想到你，给你更多发挥优势的机会。

我在IBM时的一个下属叫Robin，他逻辑清晰、思维有条理，喜欢研究各种IT软件的使用方法，比如，Excel的宏怎么设计、Visio怎么画图更有效率，等等。Robin还特别喜欢帮助其他同事，大家有什么Excel方面搞不定的问题，只要找Robin就能得到迅速而精准的解答。久而久之，Robin在我们部门里成了大家都认可的Excel高手。后来我们部门要对当时的流程进行梳理改进，涉及大量数据计算工作，需要有人重新梳理计算逻辑，设计复杂且完善的计算公式。考虑到Robin的思维缜密、逻辑清晰，又是Excel高手，这个项目的负责人自然非他莫属。果不其然，这个工作充分调动了Robin在逻辑思维上的优势，以及他炉火纯青的Excel技能，所以项目完成得非常出色，最后连美国总部的老板都专门给Robin发来了称赞。

## 寻求周围人的支持

在发挥优势的过程中，获取家人、同事的支持和理解非常重要。他们与你朝夕相处，不仅能更清晰地观察到你的日常行为，给予你反馈；更能在精神上给予你巨大的支持，让你满怀信心地去发挥优势。

我的朋友Lisa原来在一家外企的市场部工作，市场活动时间紧，出差频繁，Lisa很难做到家庭和事业兼顾。所以，她在怀孕之后就辞职回家专心待产，孩子出生以后在家全职带孩子。在孩子一岁的时候，Lisa希望回归职场。

Lisa面对的困难是，孩子太小，若她重回职场，就必须有人来照顾孩子。在孩子一岁前，Lisa都是和先生一起照顾孩子，没有请过保姆，家里的老人也很少来帮忙。Lisa的计划是，先在家为回归职场做些准备，比如，寻找一些就业机会，重新了解市场需求，学习专业课程等。这里不可忽视的一个问题就是，怎样保证自己的时间不被照顾孩子分割。

Lisa把自己的困境告诉了家人，真切表达了她想回归职场的愿望，同时，她也试探着征求家人的想法，希望在自己工作以后由家人帮她照顾孩子。首先表示支持的是 Lisa 的先生。先生知道 Lisa 是事业型女性，一直期望有自己的事业，而不是终身投入在家庭中。每次 Lisa 和那些仍在职场工作的好友聊天时，眼中的落寞都被先生看在眼里。先生明确表示自己愿意每天早点下班回家照顾孩子，留出时间让 Lisa 为找工作做准备。而 Lisa 的妈妈也答应近期过来照顾孩子，让 Lisa 能安心上班。

有了家人的支持，Lisa 没有了后顾之忧，没过多久就找到了在一家民营企业任市场经理的工作，虽然工资比不上原来的外企，但是工作强度不大。作为回归职场的第一份工作，Lisa 已经很满意了。看着 Lisa 回归职场后容光焕发，她的家人也为她感到开心和骄傲。

# 第21章 如何管理弱势

发挥优势并不意味着对弱势放任不理，而是要对弱势合理管理，不要让它成为工作和生活中的阻碍。

## 1 规避弱势

首先，对于不喜欢做和不擅长做的事情，要尽量避免去做，规避弱势就是最优策略。其次，要投入时间和精力去培养自己的优势。一旦你的长板足够长，发光发亮到所有人都无法视而不见，那么别人就会忽略你的弱点，至少可以包容这些弱点的存在。

通常，科学家都专注于思考研究，不爱与人交际。但由于他们在研究领域足够优秀，因此世人多关注他们的研究成果，至于他们是不是善于言辞就无所谓了。

在心理学上，这种现象被称为晕轮效应，又叫光环效应。当一个人身上的光环足够大时，周围的人会对这个人印象极好，评价很高，自然而然地会忽略他身上的缺点。

假如现在的工作中确实有你非常不喜欢做的部分，那么可以试试减少在这方面投入的时间。再或者，如果公司文化开放，也可以直接跟上级沟通，表明哪些工作是你不擅长的。

我的一个下属叫 Monica，她逻辑缜密、擅长分析推理，涉及项目文案的写作时，她总能结构清晰、内容翔实地完成。不过她性格内向，平常不怎么和同事交际，与其他部门的合作也有些困难。本来我还给她安排了一些需要和其他部门沟通协调的工作，但是她在沟通方面总是缺乏主动性，我也“敲打”了她几次，不过 Monica 依然仅专注在自己的优势工作——文案写作上，和其他部门的沟通协调并没有主动积极地去做。甚至有几次和其他部门的协调会，她也是心不在焉地参加。交给她负责的沟通工作，完成得也只能说无功无过。不过她在项目文案写作上倒是一直保持着高水准，专业能力日益精进。

当我再一次与她探讨工作分工时，她主动提出，能不能别让她负责与其他部门沟通协调的工作。她说自己在这方面能力一般，担心自己做不好，会影响和其他部门的关系，她还主动提出了对部门下一个重大项目的想法，分析到位、思路新颖。意识到 Monica 确实很难在人际沟通方面主动投入，我也及时地把这部分工作调整给了性格开朗的薇薇，而让 Monica 专心负责接下来的大项目。果不其然，当 Monica 专注在擅长的领域，并且没有其他工作干扰后，她在项目中更加如鱼得水，成效显著。

假如你的老板并不能体察你的优势和弱势，那不妨找个机会让他清楚地知道。即使老板不能马上给你安排规避你弱势的工作，至少他知晓你的优势和弱势，以后有合适的机会时也会想到你。毕竟每一个老板都有培养下属、稳定下属的责任。你不说，老板还以为你对工作很满意；说了，至少会争取到以后调整的机会。

## ② 找到合作伙伴

### 主动授权

大千世界，芸芸众生，每个人都有自己的优势和特长，你不擅长的工作，也许正是他人的专长。只有大家互相配合，各施所长，才能使团队的绩效最大化。这也是在工作中需要团队配合的原因。

如果你是一个团队的负责人或经理，有自己的下属团队，那么对于你所不擅长的工作，一定要将它授权给适合的下属去做，这样才能让大家充分发挥价值。

> 记得我刚刚当上经理的时候，底气不足，很多工作都喜欢亲力亲为，不好意思安排下属去干，总觉得时机还不成熟。
>
> 有一次我需要制定一个重要项目的预算，涉及很多复杂的环节和细致的核算。跟团队开会时我发现，团队中的Linda在数字方面特别敏感，而且逻辑严谨，做事细致认真。而我更擅长在战略方面给出大的方向和思路，一旦涉及具体事项的执行，就做不到细致沉稳，而且我的思路向来比较大胆激进，风险意识较差。所以，在制定项目预算时，Linda更适合做具体工作，而我只需要在预算的原则策略上把一些关键点把控好。事实证明，Linda提交的预算报告确实严谨细致、科学合理，比我自己做的还要好。
>
> 意识到这样的策略很有效后，凡是我不太擅长的工作，如数据核算、风险把控等，我都会授权给下属去做。这样我不仅轻松了很多，而且获得了更多的时间来思考战略层面的问题。

### 寻找合作伙伴，取长补短

如果没有下属可以授权呢？这时就可以寻找在优势上能跟你互补的工作伙伴。

当你有了这样优势互补的伙伴后，遇到难题时就可以向他请教——如果同样的任务由他来做，那么他会从哪些角度思考，有什么工作步骤。如果你们恰巧在同一个团队，你更应该在每次会议时记录他的发言，看看他关注的维度是什么。

久而久之，你就会熟悉这一类人的思维习惯、行为方式，哪怕你培养不了他们这样的优势，至少可以在工作中借鉴他们的思路。

即便没有下级帮你分担工作，团队中也一定有资历比你深的前辈。当你明晰自己的优势和弱势后，在开始做事之前，至少能向前辈寻求指点和建议，避免在弱势领域“踩雷”。

铭宇是一个刚毕业两年的职场新人，性格外向开朗，喜欢策划组织，也很容易和陌生人迅速打成一片，属于阳光、热情的“暖男”性格。他的优势是善于沟通，做事积极主动，对人也热情贴心，因此加入公司以后，领导和同事都很喜欢他。由于人缘好，外形阳光，总有热心的女同事要给他介绍女朋友。领导看他积极上进，也乐意培养他，对他寄予厚望。

有一次领导把一个很重要的客户参访的活动交给了铭宇，单看铭宇的优势——擅长沟通、热情爱交际、能够把握客户的需求，这个工作很适合铭宇。

随着项目的启动，铭宇发现，做好活动不只是搞清楚客户喜好那么简单，还要搞清楚项目需要邀请多少客户，预算多少，什么场地合适，每个时间节点该推进什么样的事情，各部门之间如何配合等。事情千头万绪，绝不是仅靠一腔热情就能解决的。一想到活动要在一个月内搞定，自己又是头一次接手这样的大项目，铭宇不禁心忧起来，当时凭着一股热乎劲儿答应了领导，可对项目的难度确实是低估了。

拿到项目资料的第一天，铭宇把客户活动要做的事情列了个清单，如图 21-1 所示。

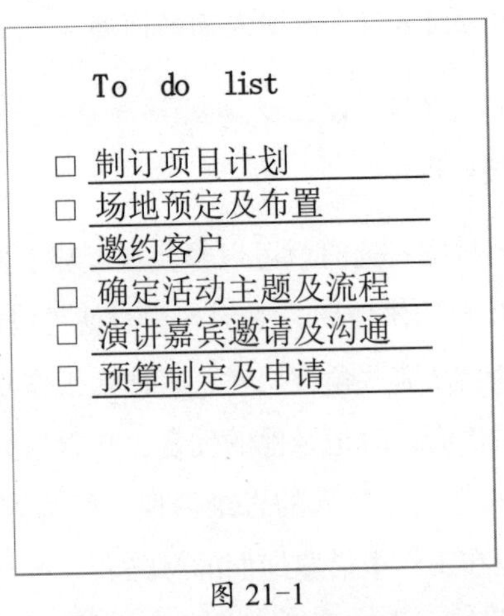


图 21-1

在上面的清单中，铭宇把自己擅长又有信心做好的事情用✔标了出来，而对于自己心里没底的，铭宇就暂时不打勾，如图 21-2 所示。

To do list

- ☐ 制订项目计划
- ☑ 场地预定及布置
- ☑ 邀约客户
- ☑ 确定活动主题及流程
- ☑ 演讲嘉宾邀请及沟通
- ☐ 预算制定及申请

图 21-2

盯着这个表格看了几遍，铭宇盘算起来：既然有些事情自己干不好，要不让别人去干，要不彻底放弃。一个好汉三个帮，谁能来帮自己呢？

铭宇想到了同一个部门的小何，小何是理工科高才生，个性沉稳、逻辑思维能力强，对数字也很敏感，跟自己正好互补。每次看小何做的分析报告，铭宇都自叹不如。由于个性不同，两个人私下并没有什么交往，因此私交一般。如果直接去找小何帮忙，大概人家不会贸然答应。那最好的方法当然就是从领导那里寻求突破口，让领导抽调小何加入项目组。

第二天，铭宇早早就去找了领导，坦诚以前低估了这个项目的难度，自己在做计划、控制项目风险、核算成本上都有欠缺，希望能够安排小何来一起完成项目。

领导也是通情达理的人，当初交给铭宇这个项目的时候就有所顾虑，铭宇的优势和弱势都很明显，如果全部由他负责，难免有些风险。小何和铭宇确实优势互补，各有所长，领导也就答应了指派小何协助铭宇负责活动。

果然，有了小何这样的“军师”把握风险、核定细节，项目进展非常顺利。而在合作中，铭宇和小何也加深了了解，更是意外地发现，两人都特别喜欢打网球，自此，两人成了工作和生活上的好搭档。在以后的合作中，两人也常常互帮互助，从互补的角度给对方提出建议。

年底，两人的绩效表现都非常优异，得到了领导的嘉奖。

## ③ 转换视角

初入职场的人也许会说，自己在单位资历最浅，干的都是打杂跑腿的工作，哪有挑活儿的权利，还不是领导让干什么就干什么，每天都有很多自己不喜欢的工作，怎么甩出去？

记住，尽量选择自己擅长的工作去做，这是第一原则。如果你现在的工作并不能发挥自己的优势，那么最优策略是换一个能让你发挥优势的岗位。

即使还在原来的岗位，对于同一个工作任务，也可以转换思路，用擅长的工作方式来完成它，而不是拿弱点来“死磕”。

比如，同样是做销售工作，内敛思考型的人是否一定不适合，业绩一定比不上能说会道的人？

答案是不一定。

一个能说会道的人，很容易一开始便和陌生人建立关系，熟悉之后在做推销时，更多的是依靠自己对产品形象生动的解释，以及优秀的沟通技巧。

而一个相对内敛、偏思考型的人，他的优势是善于思考问题，并提供解决方案。销售工作除了需要一对一地打动客户，还需要能敏锐地发现客户的需求，分析市场反馈，知道客户在哪里，以及制定销售策略。而这些工作，思考型的人更加擅长。尽管内向的人话不多，但是每一句说出的话都经过深思熟虑，更容易让客户认为他是一个靠谱的人，值得信任和托付。

因此，回到职场新人都要打杂的问题上，当你不得不做的时候，怎样用擅长的方式去做呢？

比如，同样是参加部门会议、整理会议纪要，有什么不同的方法能让你发挥优势呢？一个逻辑严谨、思维缜密的人，对会议内容会梳理得条理清晰、结构完整、言简意赅。一个活泼开朗、善于交际，但是逻辑性较差的人，该怎样利用优势去做会议纪要呢?

无法梳理出领导讲话中的关键点时，就多去和团队中的其他人聊天，听听其他人对领导观点的记录和想法，分析逻辑关系，然后整理汇总。善于提供创意的人，除了可以记录要点，还可以用画图（如思维导图）的方式来体现其中的逻辑关系，这样不仅能完成会议纪要的文字整理工作，更可以发挥自己的优势，为工作锦上添花。相比直接“死磕”逻辑关系、拼命回忆领导的讲话要点，显然，用优势策略来完成工作，其成效事半功倍。

谁也不能保证每次抽到的都是一手好牌，我们能做的是，用调动优势的思路把“烂牌”打好。

# 第22章 及时做个人复盘

## ① 为什么要做复盘？

有太多人每年年初都雄心壮志，立下要变瘦变美、发奋学习的目标。平日里却该玩手机玩手机，该混日子混日子。不知不觉到了年底，忽然想起年初制定的目标都没实现，自会痛心疾首一番。但却不仅不分析原因，还信誓旦旦地为新的一年定下目标，到第二年，在行动上依然难以坚持。于是目标年年都定，却年年实现不了。

假如你不希望自己的日子处在总定目标却总实现不了的死循环中，就要时常给自己做复盘。

复盘的概念最早来自围棋，每次对弈结束，棋手会重新把双方所下的招数在脑海中过一遍，看看有哪些成功和失败的招数，以便为下一局获胜积累经验。

针对个人的职业发展，复盘也能帮助你获取经验教训，让你不断进步。

也许你眼里看到的是同事下班比你早，工作成果却比你好，你苦思不得原因。探寻不到成功和失败的原因时，你会发现自己的进步总是微乎其微。

复盘对我个人的成长起到了至关重要的作用。在我入职 IBM，成为人力资源专员以后，我经常会对自己负责的项目进行阶段性复盘。比如，每周会对项目执行中出现的问题进行分析，并思考如何用更好的方式来解决。每一次阶段性成果完成后，我还会把项目的成败进行更详尽的分析，哪怕领导没有提出要求，我也会主动做复盘。正是在

> 这样的复盘中，我对自己管理的项目了如指掌，哪些地方该优化，哪些环节风险高，我都能做到了然于心。后来我把自己负责的项目做得越来越好，还获得了好几个公司评选的奖项。也正是凭借超越他人的优秀成果，我最终在部门内的十几个同事中脱颖而出，获得了晋升为经理的机会。

而针对个人的职业发展问题，我更会在每年年初设定目标，针对目标制订相应的计划。在年终时开展复盘，优化调整。看看哪些目标实现了，哪些目标没有完成，没完成的原因是什么，然后设定新的目标，改进方法，继续努力。

## 2 如何做复盘？

复盘不等于简单罗列经验教训并做总结，复盘是结构化的，要对目标和过程深入分析，更要对未来如何改进提出明确的计划。

做复盘，一方面是向内看，对自己的性格和能力进行分析，知道自己擅长什么，不擅长什么，哪些地方容易出问题，找到合适的目标，并选用合适的方法，执行时才能不纠结。另一方面是向外看，针对具体的任务，分析成败因素，找到最有效的执行方法，并对已出现的问题提出解决方案。这两方面相辅相成，缺一不可。

以设定个人职业目标和规划为例，来看看如何复盘。

2017年，我给自己设定的目标是换工作，到了2017年10月份，我给自己做了下面这样的复盘。

（1）回顾目标，分析目标执行的情况，找到成功之处和不足之处。

我给2017年的自己设定的目标是换工作并开始创业，拥有一份自己热爱的事业。反观这一年的进展，从IBM离职后，我加入了朋友的创业公司。虽然完成了换工作的目标，但是在工作中总是无法找到动力，所以我判断这份工作并不能让我产生热情，也不能成为我奋斗终生的事业。

（2）分析产生上述结果的原因。

当我把企业家当作长远目标后，在外企当职业经理人的发展路径显然是与目标背离的。因此，当朋友的初创公司邀请我加入时，我就有了意愿和决心离职。

但是新工作并不能让我产生热情的原因是什么呢？我分析了以下几条。

①行业依然是我熟悉的人力资源领域，与以往的工作内容并没有太大差别，缺乏新鲜事物和新鲜环境的吸引，以致我在工作中的热情并不高。

②作为后加入创业团队的合伙人，我与该创业团队的磨合需要一定的时间。

③项目工作制的方式，占用我个人较多的时间。因此我原来计划的写作、培养兴趣爱好的时间大大减少，总觉得工作不自由。

（3）修正目标。

针对上述原因，我重新思考了自己的目标，把2017年个人职业目标修订为——找到一份能够让自己焕发热情的事业，从中学习新知识。

（4）制订改进计划和行动计划。

我只是对自己的目标做了微调，并没有否定原有的目标，而且增加了更清晰的描述，让目标更具象化。基于这样的调整，我选择了两个方向来开展后面的行动。

方向一：继续留在创业公司，多尝试与以往不同的新事情，获得新鲜感，学习新东西。另外，在时间上，跟创始团队协商，争取更大的灵活度，增加能够自由支配的时间。

方向二：离开创业公司，寻找新的创业机会。依然是从优化后的目标出发，寻找与我原来的工作环境有较大差异的新领域，不断学习新知识，同时让自己在时间上有较大的自主权。

经历了这样的复盘后，我对职业发展目标和操作方案有了更清晰的认知，也明确了该如何行动。

我辅导的一个学员小成，本科毕业后就进入了一家世界500强快速消费品公司做管理培训生。和同学相比，职业起点高，公司平台也好。但是他面临着激烈的内部竞争，同一批入职的管理培训生个个都是能力和素质突出的精英，大家都铆足了劲儿争取晋升机会。单看小成自己的工作成果，虽然都按领导的指示按时完成了，但是也找不出什么亮点，可谓无功无过。小成自己也很苦恼，照这样平庸下去，晋升的机会根本轮不到他。

在我的辅导下，小成对自己做管理培训生半年来的经历进行了复盘，有了下面几条发现。

目标：胜任市场部品牌助理的工作，并获得直接上级的认可和周围同事的好评。

结果：基本能胜任品牌助理的工作，上级评价一般，周围同事也并无特别的称赞。

分析原因：

①在工作中思路还不够放得开，没有提出让人耳目一新的观点；

②执行工作时循规蹈矩，几乎没有用创新的思路去解决问题；

③遇到问题和挑战时，没有及时与上级反馈并获得指导建议，导致项目进展拖沓。

弄明白了问题所在后，小成便制订了行动计划：

①不要被以往的思路限制，在每次会议中大胆提出自己的想法，不怕说错；

②执行任务时尽量用创新的方式，寻求不一样的效果；

③在工作过程中多和上级交流，及时获得上级的建议和支持。

有了这样的计划后，小成终于能放下初入职场的胆怯，放开手脚大胆行动。在一次新品发布会上，小成勇敢地提出了邀请“粉丝”来现身说法，为品牌代言的想法，并给出了有力的证据，让领导耳目一新。方案被领导采纳后，那次的新品发布会取得了巨大的成功。小成的才干得到了领导的高度认可，借此机会，小成在众多的管理培训生中脱颖而出，摆脱了默默无闻的平庸处境。

## 把复盘变成习惯

在企业管理中做复盘，通常是以项目为周期，在每个项目里程碑处或在项目结束后开展，目的是为后续项目的启动积累经验，减少试错成本，从而提高下一次成功的概率。可见，复盘的目的都是为下一次的成功做准备，所有发现的经验教训如果不能被日后的工作应用，那么复盘就完全没有意义。

复盘应该遵循的步骤是，制定目标—制订计划—开始行动—评估结果—分析总结，经历完这个循环后再调整目标，开始新的复盘，如图 22-1 所示。

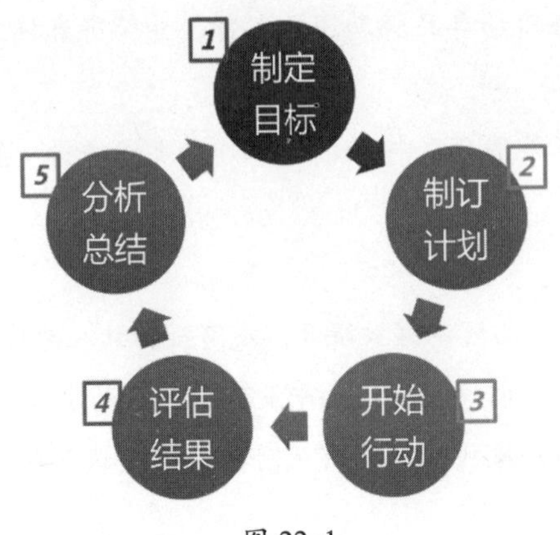


图 22-1

虽然每次复盘的步骤都是一样的，但每一个新的循环都要比上一次有进步，问题要减少一些。期望通过一次复盘改进所有问题是不现实的。这次改进了质量，下次改进了服务，一点点累积进步，才能取得大的突破。

在参与复盘的过程中，有的人常常会困惑，为什么别人总能一下子抓住问题的关键，而自己每次都是“眉毛胡子一把抓”？为什么别人就能说出解决问题的方案，而自己却脑袋空空，毫无思路？自己也做复盘了，可是并没有多大的进步，问题究竟出在哪里？

举例来说，一个从未参加过马拉松的人，如果希望在一年后参加一次马拉松比赛，那么他的目标就要先从跑完一个三公里开始，然后是五公里、十公里、半马、全马……这其中要制订完备的训练计划，如每次跑多长时间，每周跑几次，还要根据每次跑完的状态做调整，什么时间训练最有效，且不能因为运动过量而伤害身体……

可见，完成马拉松比赛需要周密的计划和严格的执行过程，并且根据身体的反应及时调整训练计划。其中，体能和耐力都是需要训练的，这样才能让身体适应高强度、长时间的运动反应。与此类似，思维也一样需要训练。

美国 MBA 的授课，通常都让学生住在学校，并在教学过程中采用大量案例。学生们被分成小组，教授把商业情境中真实的案例发给学生，让大家展开讨论并自行查阅资料。学生确定分工，准备 PPT，上台演讲。那些名校的 MBA 课程的学生，经常凌晨两三点还在查找资料、准备案例，早晨7点又出现在教室，与小组内的同学开始激烈讨论。

在就读MBA的两年里，学生们虽然没有真正参与任何一家企业的经营管理，但是他们深入分析研究的案例已经积累了上百个。由于进行过大量的商业思维训练，毕业的时候，学生们对商业的敏感度已经很高，关于企业管理的方法也驾轻就熟，分析问题、解决问题的能力更是在经过案例演练后达到了高超的水准。MBA的毕业生在找工作时去管理咨询公司和投行的很多，因为他们在过去两年着重训练的思维方式——分析问题、解决问题，领导团队讨论并得出结论等，正是咨询公司和投行的日常工作中最为需要的。

一个很少反思和总结工作，下班回家就是刷手机、追网剧的人，忽然变得爱思考、愿意每天反省，这是不现实的。要从点滴的变化开始，才能慢慢积累到质变。

最简单的开始就是从每天制定目标和计划开始，晚上做一个微复盘。早晨写下自己要完成的最重要的三个目标，安排一天的行程，写To do list。快下班时看看当天的目标有没有完成，哪些事情还需要再改进调整，然后把第二天的目标和计划制定出来。每天重复这样定目标、比对结果、分析调整目标的过程，就是一个完整的个人复盘。

重复做这样的复盘，日积月累，对工作成败原因的了解会越来越清楚。对自己的优势和弱点了如指掌时，工作效率自然会得到提升。而这种在复盘中训练出来的分析解决问题的能力、目标管理能力，更会让你在日后的工作和生活中受益颇多。

对于自己擅长的领域，能够做好的事情，要强化并放大其功效，让它成为你职业生涯中的亮点；而对于自己不擅长的领域，容易出问题的地方，要做好记录分析，形成自己的“错题本”，分析原因并找到解决思路，以免下次在同样的地方犯同样的错误。

经常性地记录自己的成功和失败，是自我反省、成功复盘的第一步。有了问题，寻找不到问题出现的原因时，可以寻求周围同事、前辈的帮助。除了要关注方案本身，更要学习同事和前辈的思维方式，思考为什么他们能有这样的思路而你却没有，是因为他们的知识面更广，还是因为他们的经验更丰富？久而久之，在循环往复的练习中你就会发现，自己的思维能力在逐步提升。只要形成了善于思考、善于发现问题和解决问题的习惯，以后在针对大的项目做复盘时，就不会再不知所措了。

# 第23章 向前一步，秀出自己

要在职场上脱颖而出，一定要让别人记住你，其中，给自己树立鲜明的个人特性非常重要。尤其是在大型企业，优秀的人才那么多，为什么有的人能脱颖而出，而有的人却始终默默无闻？

## 1 抓住时机秀出自己

表现自己前先看自己的优势是什么，然后尽可能地把优势变成自己的亮点和标签，并且持续用各种方式来强化它在别人心中的印象。久而久之，这就会成为你独特的标签，从而令你和别人区分开来。

比如，一个PPT技术炉火纯青的人，自然不能放过给公司、给部门重要活动做PPT的机会；一个能把故事讲得生动有趣的人，自然要抓住一切在公开场合登台演讲的机会；而一个擅长文案写作、妙笔生花的人，自然要在公司重要的宣传材料中露一手。

机会从来不是别人给的，而是你提前做好准备，机会来的时候，你手里正好有拿得出手的“绝活儿”，然后才能一出手便一招制胜。

有一年，IBM全球总裁罗睿兰来中国演讲，在从嘉宾席走向演讲台的路上，突然闯过来一个姑娘，举起带自拍杆的手机要求和罗睿兰合影。一看就知道这个姑娘是IBM的员工，总裁在众目睽睽之下也不好拒绝员工，所以欣然答应和姑娘合影。经过这样一个插曲，全公司都认识了这位胆大的姑娘。

举这个例子并不是让大家去学这个姑娘通过和领导合影让自己出名，而是让大家从这件小事上学到，抓住一切时机让别人记住自己。这是一个特别重要的技能。

在职场上，实力和时机同样重要。世上有很多人在抱怨自己“怀才不遇”，没有“贵人”相助。其实你要问问自己，你说的“才”有没有真正成为你的优势，你的“才”和别人比起来，是不过如此呢，还是真的高人一筹？

我面试过数百人，经常有应试者说自己擅长沟通协调。为了一辨真伪，我会让应试者讲一个自己的真实案例。事实是，大多时候应试者讲述的不过是一个平淡无奇的故事，根本体现不出沟通协调能力。这样的“才”怎么能让人眼前一亮呢？

当你总抱持着“怀才不遇”或“酒香不怕巷子深”的心态时，便错过了很多让别人看到你能力的时机。在职场，“伯乐”并不常有，因此要主动寻找“伯乐”，让“伯乐”看到“千里马”，而不是等着“伯乐”来寻找发现“千里马”。

那么，怎样找到伯乐呢？

最容易成为你的伯乐的其实是你现在的老板和未来的老板。所以，在现在的老板面前要适时展现优势，把优势深深地刻在老板脑海里，老板才会给你更多的机会，让你在优势领域绽放光彩。

可是，未来的老板又是谁呢？这就需要个人的判断了。很多公司支持员工在内部轮岗、调岗，那么平常就要多留意自己心仪部门的各种动向，然后抓住时机与未来老板建立联系，并在这些老板在场时展示自己的实力。尤其是一些公开的机会，如做演讲、展示 PPT 时，更要把握好时机。

如果你只是一个小兵，暂时还没什么机会在公开场合展示自己，那么当未来的老板在场时，一定要抓住机会让对方记住你，哪怕是有些唐突也不要担心。最好的方式是，为新老板准备一个好问题。要知道，当演讲的人问大家有没有问题要提问时，其实特别希望台下有人能提出好问题。一个好问题代表你对话题有深入的思考，同时也代表你在之前做了积极的准备，这种认真又聪明的人自然会给老板留下深刻的印象。

机会不会主动来敲门，它从来都是留给有准备的人的。平时不沉下心来好好“修炼内功”，就算机会给到你，你也只能眼看着它从你手中溜走。

## ② 干得好还要说得漂亮

在同样的情况下，外向的人由于能说会道、爱表现，一般确实比内向的人更容易获得关注。但也不是说内向的人就全无机会，注定默默无闻。

首先要明白，要给他人留下深刻印象，绝不能仅依靠表面功夫，企业中老板最看重的还是工作业绩。所以，把分内的工作干好是基础，然后再来看用什么样的方法来展示自己，做到锦上添花。如果职责内的工作做不好，一天到晚只知道溜须拍马，在副业上忙得热火朝天，这样的人只能风光一时。

我原来有个下属叫 Jessica，她是个聪明伶俐的女孩，长相甜美，性格开朗，能够快速和陌生人打成一片。每次交代给她工作的时候，她很快便能领悟，因此在她刚入职的时候，我对她很满意，她也得到了周围同事的一致喜爱。可是我慢慢发现，Jessica 交出的工作成果总有疏漏，到截止的时间点时仍拖拖拉拉，不催个三五遍就提交不上来成果。当我找她了解问题的原因时，她总能找出各种理由来搪塞，什么供应商不给力，其他同事不配合，客户的想法老是在变，等等。

刚开始我认为是因为她对工作还不太熟悉，仍在适应中，所以出现问题在所难免。看在她工作态度不错，说话机灵，平常和同事、客户都相处得不错的份上，我提点了她几次，也就暂时容忍了她在工作中暴露的问题。

可是入职两个月以后，Jessica 的工作还是没有太大起色，丢三落四不说，还将一些关键工作完成得马马虎虎，甚至还因为在一份文件中出现重大失误得罪了客户。与之相反，Jessica 在公司的人缘极好，人人都愿意和她聊天做朋友，不到两个月时间，其他同事间的家长里短她都知道。她和同事一起吃饭的时候，还经常聊起同事间的八卦，说得眉飞色舞。但最终，Jessica 因为试用期不过关，没有做出符合岗位要求的工作成果，离开了公司。

Jessica 的问题在于，聪明反被聪明误，她以为和同事、老板搞好关系，人人都和她熟络，为她讲好话、铺好路，她在职场的发展就会一帆风顺。可是在职场中，一个不能踏踏实实、认认真真工作，把分内的工作做好的人，有再大的本事去搞关系、拉感情都没有意义。

正确的做法应该是，先老老实实把工作做好，这样才有表现自己的资格。如果仅口头把工作能力说得天花乱坠，却没有一样能拿出手的工作成果，更缺少优秀的工作技能，又如何证明自己的能力和潜质呢？所以，像Jessica这样的新人，短时间内获得老板和同事的好感容易，却很难让别人对她产生长期的信任，下场如何自然显而易见。

在中国的传统文化里，总是教育我们要低调，要含蓄内敛，谦虚使人进步，等等。可是放在今天这样竞争激烈的社会，把自己的实力都隐藏起来，一味地谦虚，只会让机会悄悄溜走。为什么外国的很多孩子在公众面前讲话时落落大方，对自己充满信心？因为他们从小就被教育要敢于表达自己，要自信。

同样是在外企，印度人往往能比中国人获得更多的升职机会，原因就是他们在文化上更容易和西方人融合。印度人的爱表达、性格外露张扬正是西方文化里积极倡导的，再加上英语是他们的官方语言之一，所以印度人和西方人在一起交流时，无论是语言上还是文化上，都比中国人更有优势。

在IBM工作的那几年，我和很多印度人、美国人共事，能充分地体会到，中国人真是不善于为自己“贴金”，中国人认为谦虚是美德，在职场上却会被看成是能力不足。而印度人哪怕工作只干出了五分的成绩，也会自信满满地宣称自己的成绩有八分。做出一点小小的成绩，便要跑到各个领导面前汇报宣传，恨不得让全世界都知道他有多厉害。

宣传得多了，虽然大家知道里面有些水分，但是印度人能干也能说，在西方人那里就是吃得开。不像中国人，一被表扬就觉得很不好意思，赶紧说“哪里哪里”“我还有很多不足”。放到印度人身上，不仅会骄傲地接受表扬，还会拍着胸脯接下更大的任务。

所以在外企，那些只知埋头苦干、不知道适时Show Off（炫耀）的人，只会被淹没在人群中。在IBM时，我晋升为经理后，经常参加高层的会议，由于个性比较内敛，很多时候我都不怎么发言，总是安静地坐在一个角落里听大家讲话。

过了一段时间以后，我的老板就专门来跟我谈话，说我在会议当中不能一直沉默，这样根本没人能发现我的能力。凡是大领导出现的场合，要尽量坐到离老板比较近的位置，并且一定要发言，这样才能引起老板的注意，为以后的职业发展铺路。一个总是不想出风头的人，往往也很少能获得别人的关注。只有走向众人瞩目的舞台，大方地展示自己，才能获得更多的关注、更多的机会。

记得有一次，我去辅导一家企业的年终绩效述职会，对其中一个人的表现印象深刻，当时的情景至今仍历历在目。

这是一家房地产公司，按说表现最突出的应该是业务部门，而后台支持部门（如行政、人力、财务等）的工作应该是中规中矩的，很难有出彩之处。

轮到这家企业的办公室主任上场时，只见上台的是一位 30 岁出头的女士，留着深棕色短发，身着白色西服套装，颈间点缀了一条粉紫色丝巾，恰到好处地打破了套装的正式、沉闷。她眼睛不大，稍有些内双，并不是一般意义上的大美女，但是胜在妆容精致、气质优雅，所以还未开口，就让人觉得她是一个干练又优雅的职业女性。

她的述职先从对办公室主任工作的定位开始谈起，针对年初制定的 KPI 执行情况一条条讲述起来。她优雅自信，想来对这次述职演讲反复练习过。待时间过半，她开始展示这一年最重要的一项工作成果——公司成立 10 周年的庆典晚会。在幻灯片里她特意放了几张晚会上同事们的照片特写，只见有的人开怀大笑，有的人热泪盈眶，自然真实的情感从照片中通通流露了出来。从主题设计到游戏体验，从每一个现场布置到伴手礼设计，她都用照片来展示，辅以简练的语言介绍。

最后，这位办公室主任还展示了庆典后公司 CEO 专门写给她的感谢信。虽然是寥寥数语，却不吝赞美之词。更为特别的是，她还截取了几位普通同事在活动当天发布的朋友圈照片和感言，让这个庆典带来的积极影响显得更为真实有力。无须用太多语言说明，单是看照片上大家激动和满意的表情，就能想象到这次晚会有多么成功了。

至此，现场的评委都对这个办公室主任的工作表现极其满意，尽管她并没有用太多的语言强调自己付出了多少努力，可是 CEO 和同事们的称赞就是她工作表现最好的证明。所以她在这次绩效评估中获得极高的分数也就顺理成章了。

试想一下，如果这个办公室主任没有把这些感人的照片及CEO的评价放到PPT里，只是干巴巴地讲那次晚会办得有多成功，那么说服力就会大打折扣。

要能干出成果，更要懂得包装自己、展示成果，这才是在职场脱颖而出的有效方法。

## 3 积极寻求反馈和表扬

职场就是拼杀激烈的江湖，如果不能积极主动地往上爬并杀出一条路来，就会被湮没在一众平庸者中。有些人以为原地踏步、偏安一隅就好，可是当他人都在奋力向前的时候，原地踏步就意味着逐渐落后。

相信我们都曾遇到过这样一类人，他们看上去总是神采奕奕、自信满满，无论是私下与人相处还是上台演讲，都落落大方、从容不迫。这种自信不排除天生的性格使然，但更多的其实来自后天的积累和训练。

Facebook的运营总监谢丽尔在《向前一步》中曾写道："当感觉不到自信时，我有一个窍门，就是假装自信。"这种从假装自信到真的自信的转变，在心理学上也是有研究基础的。人的心情可以受外在行为的影响，比如，我们会因为微笑而变得心情愉悦，而不仅仅是因为心情愉悦才愿意微笑。

当一个人不断地被外界称赞，被自我肯定时，他的自信指数就会不断提升。中国的家长看重谦虚内敛，在家里总会盯着孩子的短处，要求孩子戒骄戒躁，所以很少称赞孩子。这也就导致了我们很少去称赞别人及被人称赞，受到夸奖时反而觉得不好意思，还要说"哪里哪里"。

与此相反，西方人从小就习惯称赞别人，在用词上更是简单直接，不吝夸张赞美。在外企工作时，"老外"动不动就把"Great job""Well done"（做得不错）挂在嘴边，刚听到的时候我也很不好意思，觉得自己干的这点成绩怎么能算"Great"（不错），后来听得多了就习惯了，慢慢地知道了"老外"的风格。我们在夸人的时候极其苛刻不说，还总要在后面加上个"但是，在××方面你还可以改进……"明明是称赞别人，却往往被人误解为是想指出问题。

好的老板都是用人之长，善于发掘下属身上的闪光点，而不是总盯着别人的短处看。能遇到这样的老板自然是幸运，但如果老板是比较内敛、不善于称赞表达的人，就需要自己主动出击，找到方法获取一些反馈。在这些反馈中看到自己的强项，管理自己的不足，从而获得进步。

寻求反馈的方法有很多，最方便有效的是，和老板、同事面对面地直接沟通。视公司文化的不同，可以选择一顿随意的工作餐，或者是一次正式的会谈。

比如，有的公司文化开放包容，上下级之间的对话也不会太过拘谨，那不妨在和老板定期谈话时积极获取老板的反馈，请老板指出你在工作中的出色之处及不足之处。

而平常的工作要是有令你感觉良好的地方，也可以到领导那儿去“邀功”，说说刚完成的任务自己花了多少心思精力，其他人又是怎么给予好评的。

到了年终做工作汇报总结、述职的时候，更不要忘记为工作成果“添油加醋”，不能只是简单描述自己做了什么事情，而要把重点放到事情产生的影响上。比如，做过的事情给公司带来了什么样的积极影响，改变了什么，他人的评价是什么，才能令领导刮目相看。

# 第24章

# 找一个好导师

在职场中，总有些困惑是不可对领导直接表达的，连身边的好兄弟和好闺蜜也无法解决，这时候就需要一名导师。导师不同于领导，你和导师之间没有直接利益关系，有时甚至不在一个公司，因此更容易坦诚沟通。

但是，每个导师擅长的领域都不一样。因此，针对不同类型的问题，要选择不同的导师，别把所有的问题一股脑地抛给一个导师。

假如你是一个30岁上下的女生，正在困惑要不要生孩子，家庭和事业怎么兼顾，这时问一个在职场上已经升到高管位置，同时有两个孩子的妈妈再合适不过了。以一个过来人的成功经验，这位高管妈妈一定有不少心得能够启发你。同时，你还可以寻找另一位同样在职场上事业有成，但是没有生孩子的女高管，听听她的心路历程。然后从两人的经验中分析利弊，再结合自己对未来的规划，思路会更清晰。

一个导师或许不能直接告诉你答案，却有你未曾经历过的职场阅历，以及你想不到的视角，因此能从不同的角度启发你，让你更接近自己想要的答案。

我大学一毕业就进入了世界500强公司做HR，工作压力不大，公司环境也很好。但是我总觉得那并不是我真正想要的工作，我特别希望离真正的业务更近一些，希望有机会经历业务前线的惊心动魄，而不是只从事一些后台支持性的工作。

在困惑之余，我和一位已经工作了10余年的朋友谈到此事，他一下子点醒了我："既然你那么想做业务，要不要试试做HR管理咨询？在咨询公司，你就不再是后台支持部门了。"后来他又详细地给我分析了在咨询公司做顾问和在企业内部做 HR 的差别。

正是通过这次对话，我了解到原来 HR 领域也是可以直接给公司创造利润和价值的，需要去打单、谈客户、帮助客户解决问题。当然，工作强度比在企业内部任职要大很多，出差更是家常便饭。他描述的这一切都让当时的我觉得兴奋。去做咨询顾问，每天都面对不一样的工作内容，尽管很辛苦，但是比在企业内部做 HR 有意思多了。何况当时的我还很年轻，没有成家，在全国各地出差做项目正好无牵无挂。

当下我就确定了下一份工作要去做咨询顾问的目标，后来我积极地寻找咨询公司的机会，终于如愿成为一名管理咨询顾问，从事了近三年的咨询工作。如果不是那次和导师的对话，我还要迷茫很久，更不会意识到咨询顾问才是更适合我的工作。

## 1 去哪里找导师?

在寻找导师时，可以很明确地知道自己是去寻求帮助和建议的。但是被要求成为导师的人，他们又为何要花费时间、精力来给予他人辅导呢？不排除有好多人热心肠，天生喜欢帮助别人，但更多的人是因为互惠互利才愿意不吝帮助的。

如果是公司内部的导师，公司已有“导师制”和导师文化，那么成为别人导师的人，本身也是导师制的受益者。对于已经做到一定位置的领导们，在考察他们的领导力时，其中很重要的就是要看他们识别人才、培养人才的成果，这里不只包括对直接下属的培养，也包括对 Mentee（门生）的培养。这也是为什么在大企业中，学员要选导师，导师也需要选学员，而不是完全等组织来分配。身为导师的人，用心辅导了 Mentee，帮助他们在公司获得了更好的职业发展前景，既是对领导力的证明，作为回报，Mentee 日后也不会亏待自己。

心理学的研究发现，导师对门生的选择是基于门生的外在表现和内在潜力的。人们会本能地投资给那些才华出众、能因资助而真正受益的人。导师最不愿看到的是，自己投入了时间和精力辅导 Mentee，而 Mentee 在日后没有任何的成长和进步。谈话时信誓旦旦，回去后就没了任何动静，下次谈话时还是那些问题。

在我给学员做的优势辅导中，每次辅导完，当天就会要求学员趁热打铁，写出《个人行动计划》，然后两周后再来看学员的进展。其目的就是督促学员在每次接受辅导后，采取真正的行动，改变之前的工作状态和生活状态，否则就只是一次普通的谈话。哪怕当时很受鼓舞，只要后续没有采取行动，这次辅导就没有任何的意义。

在互联网时代，寻找一个合适的导师变得越来越容易。建议先从认识的人中找导师，或者让熟人来推荐，这样对导师的风格和经历会更加熟悉，开展对话也相对容易一些。很多企业都有内部提供导师的机制，目的就是帮助年轻人解决职场问题，让其更快地成长。

### 在公司内部找导师——拓宽思路

像 IBM、GE 这样的 500 强公司都有导师（Mentor）项目，还有专门的 HR 负责管理，哪怕员工不主动找导师，HR 也会根据员工的资历和经验为其推荐适合的导师。IBM 还有导师文化，直接上级也会担负起为下级寻找导师的责任。有了得力帮手给下级排忧解难，助力下级升职，直接上级自然也会受益。有幸在这样的公司工作时，一定要把握好机会，在公司内部寻找一个对自己有帮助的导师。

选择内部导师时，可以不用有太多限制，跳出部门和国籍界限，更能开阔眼界，积累人脉。

我在 IBM 任职时的一位导师曾经是一个业务部门的负责人，当时他负责的是 IBM 大中华区在人工智能方向的人力资源软件的应用。我很早之前就知道 IBM 有这个部门，其业务跟我所在的 HR 部门有较强的相关性，因此我在选择导师时就把这个部门的负责人确定为我的目标导师。

在我的领导和其他同事的帮助下，我如愿以偿地获得了跟随这个导师开始“Job Shadow”（影子学习）的机会。学习内容包括参与部门内部会议，了解业务情况，拜访客户，和导师及他的下属谈话等一系列活动。这个为期一周的导师学习与我的本职工作关系不大，也没有什么实质帮助。但是在这一周里，我有机会深入到业务前线，尤其是拜访客户时与客户的交流，让我对市场需求和商业环境有了更深入的了解。也正是这一周的观摩，我更加清晰地认识到自己对商业运作、业务前线的兴趣远远大于在后台做支持工作，也因此坚定了自己未来创业的决心。

参加业务部门内部会议也使我收获颇多。能够听导师部署全国的业务，与下属商谈具体项目的进展，并且指导下属的工作，其中需要的战略性思维、宏观能力恰恰是当时的我所欠缺的。真正观摩导师的日常工作，看他运筹帷幄、激励下属，其效果远胜于听他讲一堆提升领导力的理论。

我的前同事 Rose，自从加入 IBM，工作业绩一直很突出，她也立志要尽早做到高管的位置。而在人才济济的 IBM，在全球几十万名员工中脱颖而出，谈何容易。Rose 结交了一些位于 IBM 总部的同事，希望有机会能够到美国总部工作，这样就能更快地晋升。所以，Rose 早早地就申请了国外的高管来做她的导师。Rose 的导师在总部工作了十几年，人脉根基深厚，说话也很有影响力，他发现了适合 Rose 的机会后，马上向公司推荐了 Rose。果然，Rose 如愿以偿获得了在 IBM 美国总部工作的机会，Rose 的导师可谓功不可没。

**外部导师——聚焦目标**

通过外部的公开途径寻找的行业“大咖”、前辈等，会让你在某一个领域更为精通。公开的导师通常是明码标价，更适合深入沟通一些具体问题。

作为付费导师，他们更为专业，技术方法娴熟，积累的案例数量众多，如果你真的遇到职业发展的困惑，又苦于身边没有合适的导师，那么就可以到公开场合寻找外部导师。在公开网站上，有关于导师的背景、擅长领域、辅导风格等方方面面细致的介绍，有时还附有其他学员对导师的评价作为参考，所以并不难挑选到合适的导师。

常见的导师平台如在行，积累了大量各个领域的“大咖”，话题分得也很细致；古典创办的新精英生涯，主打的是职业生涯发展规划，有很多兼职和全职的生涯发展导师；盖洛普的官方网站上也有全球认证的优势辅导教练，对个人背景、地域语言等介绍得也很清晰。

除了上述可以公开选导师的渠道，有些导师隐藏在人海当中，需要你自己去发掘。他们也许是你相知多年的朋友，或是曾经启发过你的老师，又或是经验、阅历都比较丰富的前辈。其中能够成为你的导师的，更多是基于之前的感情基础。也许他们并不能像公开的导师那么专业，却对你的自身经历和性格癖好更为了解，在辅导时会更加真诚、用心。如果有幸能遇到这样的导师，并能和导师保持长期的联系，会令你终身受益。

## 2 如何和导师开展对话？

前文中提到，和导师的谈话价格不菲，即使是无须付费的导师，如果不提前做好准备，开展一场有效的对话，那么对两个人而言都是浪费时间。

和导师对话之前，先要对导师的背景有所了解，确定这次谈话的目标，具体期望解决哪些问题。很多导师为了保证很好的谈话效果，都会在谈话之前把学员的需求了解清楚。所以，根据导师的习惯，最好在谈话前把困惑和期望解决的问题发送给对方。

关于谈话的目标，如果不在一开始就明确，则很容易出现说了半天都没有谈到正题的情况。等到真正说到关键问题时，导师可能就没时间了。

> 我曾辅导过一个名叫佳佳的学员，她28岁，未婚，相貌普通，学历也一般，在一个外企做行政工作。见面以后她跟我寒暄了好半天，从公司的发展到创始人的经历，足足聊了20分钟都没有切入正题。
>
> 最后听得我都着急了，实在不明白她花钱找我到底是要解决什么问题。我忍无可忍，打断了她，直接问道：“佳佳，你找我咨询可是按小时付费的，你到底有什么问题？”
>
> 她这才支支吾吾地说：“我喜欢我们公司的一个IT男，他也对我有意思，可是我们公司不允许内部员工之间谈恋爱，你看我要不要为了这个男朋友辞职？”本来我还以为困扰她的是做行政没有发展前途，她未来该怎么转型的问题，没想到其实是一个未婚女青年为情所困，在理智和情感上如何选择的问题。

这姑娘花了那么多时间介绍他们公司的好处，就知道她还是很看重这份工作的。只是到了 28 岁这个尴尬的年龄，谈婚论嫁也是当务之急。

于是我给她分析了和同事谈恋爱的各种利弊，以及她为了感情离职后可能有的各种结果……原定一个小时的谈话，由于她前期铺垫太久，我俩硬是谈了一个半小时才结束。

# 第25章 培养个人领导力

## 1 没有下属，如何培养领导力？

说到领导力，很多人或许认为，只有当了领导，有了直接管理的下属，才能培养领导力。自己还是“小兵”一个，没人可带，根本没有机会培养领导力。

事实上，成为领导者的道路始于你所能抓住的此时此刻，而不是一味地等待。如何把握好机遇，才是现阶段你需要考虑的。

### 不同层级的管理者，对领导力的要求不同

领导力就是能够影响一个群体实现愿景和目标的能力。

管理学大师拉姆·查兰在《领导梯队》一书中提到，以一般跨国大公司为例，从普通员工到首席执行官要经历6个领导力发展阶段。

（1）从管理自我到管理他人（一线经理）。

（2）从管理他人到管理经理人员（部门总监）。

（3）从管理经理人员到管理职能部门（事业部副总经理）。

（4）从管理职能部门到管理事业部总经理。

（5）从管理事业部总经理到管理集团高管

（6）从管理集团高管到管理首席执行官。

事实上，不同阶段需要具备的领导能力是不一样的。

以“管理他人”的第一层职位——一线经理为例，这一层级需要的领导能力

包括计划工作、知人善任、分配工作、激励员工、教练辅导、绩效评估等。

随着管理层级的提升，发展到管理部门、管理集团后，还需要具备制定战略、跨部门协作、调配资源等其他更高级别的领导能力。

那么，作为还处在“管理自我”阶段的你，要如何根据自己的职业发展规划，适时地培养自己的领导力，从而逐渐往“管理他人”的层级跃进呢?

### 把每一次机会都当成锻炼与展示的舞台

在职场，只要你够用心，锻炼领导力的机会到处都是。

（1）正式办公场合。

比如，领导某天交代你一个任务——下周安排一次本部门所有成员参加的沟通会，你会怎么做?

或许你能想到的是，定会议室，通知各与会人员，剩下的事情领导自有安排。这种简单粗暴的做法大概不用十分钟就搞定了。

那么，换一个思路试试吧。

把这个沟通会当成一个项目来管理，所有的参会成员就是你需要“管理”的人。从提升领导力的角度考虑，我的建议如下。

会前：了解会议大纲及流程；通知参会人员，并积极沟通会议要求；向主持者询问是否有需要提前准备的设备、资料、物品等。

会中：明晰会议目标，把控会议进程；随时注意参会人员的需要及硬件设备可能产生的突发情况等。

会后：及时向相关人员发送会议纪要，跟进行动计划等。

这其中的每个环节都需要缜密的思考、顺畅的沟通和组织协调能力，这就是领导力的外在具体表现。

（2）非办公场合。

很多公司都有为员工服务的组织，如各种兴趣社团、协会等，如果能在里面担任某一职务，那么自然有机会和更多同事打成一片，为自己的晋升之路打下“群众基础”，扩大自己的影响力和号召力，这也是锻炼领导力的绝好时机。

别小瞧这些机会，只要干得出色，就特别容易出彩；干不好也不至于影响本职工作，所以可以放心大胆地尝试。比如，在我任职的第一家公司中，我就是因为担任了公司某次年会的总负责人，让公司高层看到了我的领导潜能，后来才有机会带领一个真正的团队为公司效力。尽管那次年会和我的本职工作并不相关。

### 适时坦露“野心”，能帮你争取到更多机会

在领导看来，有升职潜力的一定是那些野心勃勃的人，因为他们有内在驱动力，更容易被激励，也更容易获得成就。所以一定要在恰当的时机向领导表明自己有担任 Leader 的意愿。

例如，当领导问下属职业发展目标的时候——

A 说：“我能把现在的工作干好就很满足了，个人发展全看领导安排。”

B 说：“目前我的工作量有点大，先完成这些工作再说，我希望有时间能多陪陪家人。”

C 说：“我希望自己接受更多的挑战，能在 2~3 年后带领一个小团队为公司服务。”

本来是经验、能力都差不多的三个人，在这次谈话后，却给领导留下了完全不同的印象：

A——保守安逸，踏实肯干，但很难超越预期；

B——重心在家庭，只要不影响正常工作，就别对他有其他指望了；

C——对事业有追求、有目标，愿意承担风险和挑战，应重点培养。

相比之下，领导一定会重点培养 C，道理很简单——没有哪个领导愿意花心思培养一个“不想当将军的士兵”。所以，明示也好，暗示也罢，一定要成为能被领导提拔的第一候选人！

那些看上去指挥若定、运筹帷幄的领导，无一不是在当“小兵”的时候就善于寻找机会锻炼自己的人。唯有把握当下，才有实力赢得未来。

## 2 领导不在公司，这是表现自己的绝佳机会

假如领导准备出差或休假，临走前交代给你一堆任务，这时你会如何度过这段无人监督的上班时光呢？

自律性强的人会想，领导在与不在，工作都在那里，不增不减，早日完成早日心安。

自律性差的人会想，领导不在，正好“放羊”，难得偷懒一阵子。上上网、聊聊天，等领导快回来时再抓紧时间把工作赶一赶，最后交个差就完事了。

可我要说，在领导“缺勤”的日子里，既不能傻乎乎地像往常一样按部就班地完成任务，也不能完全放飞自我、解放天性似的逍遥自在。这段时间恰好是一个提高能力、表现自己的绝佳机会！

### 提高自我管理能力的绝好时机

领导不在时，你完全可以自己主宰时间，不用随时配合领导的安排，这正好可以锻炼自己的时间管理能力和目标管理能力。

员工和管理者有个很大的区别，那就是员工基本不用想“我该做什么”，只要想怎么完成领导交办的任务就行了，重点是执行到位；而管理者思考的是“我应该做什么，下属应该做什么，最好的决策是什么”，更侧重全局规划。

如果你能在“无人盯梢”的时候，照样把事情规划好并认真执行，领导会认为你是靠谱的好员工，以后有重大任务交给你时，也不必事事督促。这种和领导之间的信任关系，恰恰能在领导不在的时候建立起来。

### 培养应对突发情况能力的绝好时机

如果你在这段时间能及时发现工作上的疏漏，并迅速化解处理，而不是把问题留到领导回来后交由他解决，就能获得领导的另眼相看，让他发现你应对危机的能力。

需要小心的是——领导都不喜欢“越权”。即使他不在，也不喜欢下属对一些大事擅作主张。稳妥起见，遇到重大问题要第一时间向领导汇报。领导可能对现场事实不了解，所以，在报告问题的同时务必附加几个可行的解决建议，甚至对方案的优劣成败都要明确分析，这样才能帮助领导迅速厘清思路，做出决策。

### 和同事拉开差距的绝好时机

你辛苦做出的一番成果，可不能藏着掖着，需要找到时机适度地秀出来，让领导看见。可是秀成果不能傻显摆，秀也要秀得有技巧，这里面的关键就是，怎么拿捏“表现”的分寸。

秀得太张扬，容易拉仇恨；秀得太含蓄，又容易被领导忽略。高手之道在于，看似无意的展露，其实是有意为之。

有时候你只需要比别人多想一步、多一个细节、多一点心思，就足以让自己脱颖而出，又不会太过张扬。

“脑洞”大开一下，这样的小细节比比皆是，比如，上班时比同事早到5分钟；第一个回复领导邮件；比别人早半个小时提交成果；在团队讨论中第一个发言……

又或者，可以在工作成果完成得不错的基础上，从形式方面适度“包装”，来个锦上添花。一份美观大方的PPT，一个插入了精彩故事的演讲，一份用图表分析得完善细致的报告……都可以帮助你在职场上秀出花样、脱颖而出。

不过，如果事事争先，永远第一个冒头，有时也有风险，一不留神也会被意想不到的冷枪暗箭伤于无形。

### 让领导返工后注意到你的绝好时机

在领导回来之前，记住，要把领导不在的这段时间的工作任务提前总结，并在他回到公司的前一天晚上用文字整理好。如果领导习惯提前进入工作状态，那么也可以在领导回来的前一天发送邮件，让领导心里有数。

同时，要做好领导一回来就与你面谈的准备。与书面汇报不同，面谈时只需报告要事、大事。领导回来以后要处理的事情必然千头万绪，这个时候的汇报做到简明扼要就好。

都说“职场如战场”，每一个职场人都要时刻保持战战兢兢、如履薄冰的心态。领导不在，更不能松懈打盹。毕竟领导在与不在，你都是在为自己工作，更何况周围还有一个个勤奋的小伙伴也铆足了劲儿，准备随时上位赶超他人。

## 本篇 小结

要在职场中脱颖而出，最优策略是尽可能地放大自己的优势。发挥优势的方法是，选定目标后刻意练习，并不断打磨拓展，将其固化成代表自己的名片。

在对待自己不擅长的工作时，能回避就回避，能授权就授权，实在躲不过去的，也要换个角度，调用自己的优势来处理。

在职场上要善用一切可调用的资源，一个好导师能帮助你少走不少弯路。内部和外部导师最好都要有，平常多和导师做积极主动的交流，每一次对话都要认真准备。

职场竞争激烈，机会转瞬即逝，当一个机会来临时，记得要勇敢地向前一步，展示自己。在领导面前的曝光率增加，且每一次都尽心尽力，等以后晋升的机会来临时，领导才有可能第一个想到你。

## 本篇 练习

**练习一：**结合自己的优势，制定一个优势发展目标，并记录一周之内的优势日志，看看自己在一周之内有多少时间用在了优势领域，然后反思并调整改进的计划。

**练习二：**假如你还没有导师，那么给自己制定一个目标——在一个月内寻找到合适的导师，并安排一次和导师的对话。对话前，准备好自己要解决的问题。

# 人际篇

## ——成为人际高手

# 第26章 向上管理——处理好和领导的关系是关键

在职场的所有人际交往中，直接上级这个决定你“生死”的关键人物，就是你在公司要维系好关系的头等重要的人。

## 1 走进领导的圈子，成为不可或缺的帮手

如果你希望影响他人，那么与他人建立良好的关系就是至关重要的一步。

现在的“90后”都崇尚独立自主，希望工作和生活尽量分开，有的人一下班就急着离开公司，和周围的同事、老板再无交集，连朋友圈都会把老板屏蔽，也不想把工作中的同事发展成私下交往的朋友。这样的选择虽然无可厚非，但是要知道，你选择了什么样的工作，就意味着你选择了什么样的生活。

工作时间的长短、强度的大小，都会对生活品质有所影响。在BAT等知名互联网公司工作的人，年终奖往往能拿六七个月的工资，股票分红一年有几万元甚至几十万元。让人羡慕的背后却是“996”的紧张工作节奏和巨大的工作压力，年轻人连谈恋爱的时间都没有，更没时间发展个人兴趣爱好、拓展工作之外的朋友圈子了。

但是在机关单位、国企等，工作节奏缓慢，朝九晚五，个人时间充裕，下班以后发展自己的兴趣爱好、和亲朋好友聚一聚，就相对容易些。

正常来讲，你和同事每天在一起的时间至少有8个小时，从周一到周五，和

同事相处的时间比和家人相处的时间还要长。当你每天都能身处一个愉悦的工作环境，尤其是能和周围的同事融洽相处，就能在很大程度上缓解工作带来的压力和疲惫感。反之，要是有一个天天看你不顺眼的同事，或是偶尔给你“穿小鞋”的上级，那日子无疑会艰辛几分。要是这个看你不顺眼的人还恰恰是你的顶头上司，那于你而言，无疑是“灭顶之灾”。

和上级领导的关系要把握一个“度”。太远了，领导不了解你，有任何机会也不会第一个想到你；太近了，上下级的界限就模糊了。

和领导搞好关系，可不是简单的“溜须拍马”就能搞定的。从更深的层次来说，你要成为领导的得力干将，还要有真本事、硬本领，能把本职工作干好，更能替领导分忧解难，才能和领导在感情上更近一步，让领导安心。

Vivian在快消行业的一家知名外企的市场部工作。有一天，Vivian跟着老板Linda去拜访客户，她知道自己不过是个小跟班，提前也没有特意做什么准备。

由于提前没做功课，Vivian看着Linda和客户谈笑风生，自己完全插不上话，甚至对其中的有些谈话都听不懂。

从客户处回来的路上，Vivian心里很忐忑，把自己对今天拜访时的一些顾虑和想法跟Linda和盘托出。Linda看Vivian能发现自己身上的问题，至少证明她还有些悟性，便和Vivian认真地回顾了一遍刚才和客户的会谈，解答了Vivian的疑惑。

Vivian明白，自己这次面对客户真是太大意了。Linda知道Vivian是职场新人，并没有严厉责备，但是Vivian自己却感觉挫败极了，暗自下定决心要努力改变。

后来她在工作中加倍用功，尤其是在参加各种会议时，仔细聆听其他同事的发言并认真地做好记录，摸索并练习如何在公众场合得体地发言。如果需要拜访客户，她就会提前收集客户的各种资料，准备好和客户交流的话题，并在见客户前虚心向同事、老板请教，避免现场“踩雷”。

两个月的实践学习后，Vivian 整理的学习笔记就有两大本，对现在公司的客户是什么类型、分别有什么喜好谙熟于心。再次出现在客户面前时，由于做了充分的准备，Vivian 自信了很多。针对客户关心的话题，Vivian 也不再是一头雾水，她敢于适时表达观点，偶尔还能提出不错的创意和想法。虽然还比不上其他同事的深度，但是至少 Vivian 经过了认真的思考。短短两个月 Vivian 能有这样的进步，Linda 很满意。看 Vivian 悟性不错，是个可塑之才，Linda 对 Vivian 越来越重视，并且经常给她一些指导。不到一年时间，Vivian 就成了 Linda 的得力助手。

## 2 是否真有“怀才不遇”这种事?

成为领导的得力干将，其实是工作中最难的挑战。你或许已见惯那些没有真本事，靠溜须拍马就能获得升迁的人。但也有的人每天埋头苦干、兢兢业业，却总得不到领导重视，只能无奈地怨天尤人，认为自己“怀才不遇”。

曾经听培训老师 Tommy 讲过这样的段子。有一天 Tommy 去医院看病，结束后路过一个天桥时，一个 50 岁出头的老爷子拦住他，问道：“小伙子，要不要算命？算得不准不要钱。”Tommy 虽然不大相信算命这种事，但一听说算得不准不要钱，顿时有点好奇，心想就给他个机会，听他聊几句也不妨事。只听老爷子开口道：“小伙子，你器宇不凡，但又忧思郁结，想必是怀才不遇啊。”Tommy 内心发笑，“怀才不遇”这个判断还真是能说中大多数男士的心声。

连一个对你的职业经历完全不了解的人都能做出“怀才不遇”的判断，可见职场中抱有“怀才不遇”想法的人并不少见，所以连大街上的算命先生都能用这个套路来骗钱。

世上是否真有“怀才不遇”这种事？大概是“三顾茅庐”这样的故事深深影响了我们，让我们以为那些胸怀大志的人一定是隐匿于深山老林之中，非要刘备这样的老板礼贤下士才愿意出山。此外，“千里马常有，而伯乐不常有”的故事也告诉我们，有才之人总归是需要一个伯乐才能发光发亮的。

把“怀才不遇”拆开来理解，认为自己是怀才不遇的人，是真的有“才”吗？假如才华远远没到要别人高薪来聘请的地步，那何来“不遇”一说？举个最通俗的例子，某人的才干、技术已经是行业内领先、全公司第一，公司内外提到他的大名都如雷贯耳，偏偏领导毫不知情？这种情况几乎不可能存在。

所以，当你觉得自己“怀才不遇”时，与其抱怨时运不济、领导有眼无珠，倒不如先看看自己，有没有什么能拿出手的本事让领导刮目相看。如果没有，就先定下心来，老老实实把“神功”练成，再来谈有没有机遇。

有本事没机会的人，至少还可以等待机会甚至创造机会，时机一到就有可能一飞冲天；但是一个本领不过关的人，就算领导给了你展现的机会，你也有可能达不到领导的要求，白白错失机会。要知道，领导不是慈善家，他看重的是结果，而机会往往只有一次。你一次没做好，下次机会他就会给其他同事。所以归根结底，先修炼好自己的真本事、硬本领，成为才华出众的人，才有可能成为老板的得力干将。

很多人看过《穿Prada的女魔头》这部电影，里面的主人公安迪刚进杂志社时状况百出，连买杯咖啡这样的事情都做不好。后来她苦下功夫，钻研时尚流行趋势，在专业上不断进步，做事时更是考虑得周密严谨，再也没有出现纰漏。由于老板的第一助理艾米丽突然生病，无法应付整场宴会，因此本无出场机会的安迪被要求与第一助理一同出席宴会。时间紧张，安迪需要事先背诵参会所有嘉宾的姓名、样貌、喜好，这些信息不能出一点差错，否则就会给老板添麻烦。安迪牢牢抓住这次难得的机会，为老板解围，自此获得了老板的信任。

在后来的一次工作中，老板要求安迪给她的双胞胎准备《哈利·波特》未出版的书稿，安迪不仅准时拿到了书稿，还给双胞胎小姐妹每人一份影印稿，并提前送到了小姐妹的手中，让她们在出行的火车上就能享受到不受干扰的阅读时光。这项工作她思虑周全，办得利落周到，远远超出了老板对她的期望，因此获得了老板极高的赞赏。

那么，什么样的工作成果是能让领导满意的呢？可以用下面的方法来做个自我检验。

如果你站在自己老板的角度来看你的工作，你是否愿意或同意：

- **采用你推荐的解决方案；**
- **执行你开发的项目；**
- **根据你的提议开始行动；**
- **采用你所表述的观点；**
- **你的工作很充分地证明了你表现出色。**

如果你的回答是肯定的，那么你现在可以自信满满地提交工作成果了。如果你的回答是否定的，那么你只好继续努力，直到符合上述标准。

## ③ 主动沟通，积极寻求反馈

前文中讲过，在工作中要尽量发挥优势、放大优势，相比去做自己不擅长的事，在擅长的领域工作更容易取得成功。只要获得了成功，就要让领导对你的优势牢记于心。久而久之，你身上的闪光点就会在领导的心中形成标签。

接到工作任务后认真准备、周密计划，这是基本的要求，也容易执行。可是很多人都以为任务一旦完成，比如提交完成果文档等，就算大功告成了，其实不然。提交成果文档只是阶段性的结束，工作还不能收尾。这时将进入下一阶段 —— 寻求反馈。获得反馈的好处是，能让你保持对每一个成果的清醒认知，知道自己哪里做得好，哪里做得不好，然后在下一次任务中改进。

也许有人会说："这么明目张胆地去'邀功'，会不会让领导觉得我很自大？"作为带团队的部门领导、小组领导等，本来就有指导下属、培养下属的责任。很多外企更是把培养了多少后备人才作为考核领导力的关键绩效指标（Key Performance Indicator，KPI）之一。如果一个领导对下属有意栽培，那么一定会在这个下属身上花时间、花心思，给他相应的机会发挥才能，在任务完成后帮助下属总结经验、改进不足。而你有没有成为领导乐意栽培的对象，正好可以通过寻求反馈的机会印证一下。

我一直很感激我在职场这十几年遇到的几任特别好的老板。当我取得成绩时，他们鼓励我、赞赏我，为我积极争取奖项，给我提供学习和成长的机会，让我获得工作中的信心。而当我的工作出现问题时，他们也没有姑息纵容，而是认真地帮我分析出现问题的原因，指导我改进，帮助我补足短板，让我不断进步。

我也曾遇到过一个很难获取到积极反馈的老板，导致我在工作中一度感到迷茫和焦虑，更感觉到自己的成长缓慢，到了瓶颈期。这一段时期的挫败感，直接把我推向了重新思考职业前景的另一端。

> 我的同事艾丽莎也曾遇到过类似的问题，领导每天忙忙碌碌，总是顾不上给她反馈，甚至连日常的工作交流都很少，这让艾丽莎非常苦恼。有一天艾丽莎鼓足勇气跟领导提出，让领导给她一个小时的时间，跟她认真谈谈。领导看她表情忧虑，知道不能轻视，于是给了双方一个畅谈的机会。对于那次谈话，双方都很认真地对待，领导明白了艾丽莎的苦恼，知道她父亲生病需要她多照顾，工作、家庭很难兼顾。于是领导就同意了她每周有两天在家办公的请求，并安排了同部门的 Cindy 分担一个时间紧张的项目，缓解了艾丽莎的压力。

通过这个例子可以看到，很多时候领导并不能面面俱到地想到下属的困难和诉求，所以，如果有必要，一定要主动和领导沟通，寻求反馈和帮助，不要等到最后，工作确实无法收场了再去找领导，那就太晚了。记住，比起惊喜，领导更喜欢一切尽在掌握的感觉，怕的是最后没有"惊喜"，只有"惊吓"。

## ④ 与领导沟通时最忌讳的几句话

**“我不知道。”**

这句话听上去没什么毛病，有人会说：“‘知之为知之，不知为不知’，老老实实回答有什么不对吗？难道要我忽悠领导，告诉他一个不靠谱的答案？”

领导既然问你，那就是有所期待，即使没有答案，领导也想听到事情的进展及可能的解决方案。你回复领导“我不知道”，领导下一句就会问：“然后呢？怎么办？”与其等着领导追问，不如一开始就给出领导期待听到的回复。即使在领导问问题的此时此刻没有答案，也应尽快提供答案给他。

所以，比起简单地回答“我不知道”，不如试试下面的回答。

“现在我手上没有相关信息，等我查询后马上答复您。”（针对能很快找到答案的问题。）

“您说的这个问题我之前确实没想到，现在没法答复您，能不能给我几天的时间，我去准备一下再回复您？”（针对需要比较多的时间去解决的问题。）

“您说的这个数据我现在没有，但我手里有个从其他角度得出的分析，要不您先看着，其他的资料我马上去准备。”（针对有备选信息的情况。）

**“不是我的问题。”**

工作中难免会出错，一旦犯错，有些人会习惯性地推卸责任，以为这样就可以摆脱被领导发现并惩罚的结果。要知道，对领导来说，下属犯错在所难免，毕竟“人非圣贤，孰能无过？”可领导不愿意看到的是，明明犯了错却还不肯承认，反而推卸责任。

在领导看来，有了问题，只要能找到症结，然后认真改正，避免以后再犯，都不是什么大问题。一个推卸责任的人，不能认识到自己的问题，就没法避免重复犯错。对于遇到问题没有担当精神的员工，领导以后自然不敢把重要任务交给他。

所以，不管是大错小错，都不要找一堆理由来搪塞领导，第一时间承认错误，努力改正，才会赢得领导的信任和尊重。假如确实不是自己的原因导致的过错，也要和领导在第一时间解释清楚，不能无缘由地帮别人“背锅”，于人于己都无好处。

**“不是我的工作职责。”**

在大部分企业，尤其是在管理规范性比较强的大公司，每个岗位都有明确的分工，职责清晰。大家各司其职，不越俎代庖，也是保证公司正常运营、减少问题的基础。

不过在很多时候，所谓的工作职责的界限，并不是非黑即白。在领导给你安排了一个和你的本职工作不太相关的任务时，你不能一口回绝，说这是你职责之外的事情，所以你不能做。

我的建议是，别跟领导起正面冲突，不要直接拒绝。即使是在文化开放的企业，领导也不喜欢把工作往外推的下属。今天给你这个工作你不愿意做，明天给你别的任务你也不愿意做，长此以往，只能让你在现有的工作范围里发展了，你又如何能获得成长的机会呢？

换个思路想想，如果领导交代的分外工作不是简单地让你跑个腿，那也许是在给你锻炼学习的机会，有意在栽培你。

假如你的主要工作总是被其他事务打扰，接到任务时也一定要问一下这些事务的紧迫性，实在难以平衡的时候，也不要忘记向领导诉诉苦，看看有没有备选方案，比如，调整一下你的工作职责，让其他同事也帮帮忙，让领导协调资源给你，等等。不拒绝并不意味着就要全盘接受，领导想要的是结果，至于方法怎么选，资源怎么调动，正是发挥你聪明才智的机会。当你能向领导证明，你除了能出色地完成本职工作，还有能力承担更多的职责，那就意味着你离升职不远了。

## ⑤ 为什么总觉得领导对待员工不公平？

有些小伙伴每天上班早来晚走，工作兢兢业业，对人态度谦和，原以为多年的辛苦总能等来升职的一天，可等到同事升职时才惊觉，升迁的不是自己。于是抱怨这世界太不公平、领导“一碗水端不平”，更有不少人在屡受打击后一蹶不振。

在任何场合下，公平都是很难评判的，更何况是在人际关系错综复杂、利益纷争的职场。

那应该如何来界定职场的公平性呢？或许你和领导的标准差了十万八千里，你还不自知。那么，到底是领导偏心，还是你对他的决策有误解呢？

### 职场本是江湖，何来绝对公平？

作为普通员工，你认为论功行赏是公平，多劳多得是公平，付出和回报成正比是公平。又或在既定的流程下，按照科学的计算，得出一个符合逻辑推理的结果才叫公平。

可从领导的角度来看，公平不等于平均分配，更不是简单地套公式、算贡献、分奖金。

领导决定让哪位下属升职加薪时，往往是考虑了多方面因素的。除了个人能力、过往绩效等，领导还关注下属的发展潜力、未来能为团队和公司带来的贡献等。如果是管理岗位，领导还会考虑候选人的管理能力、领导潜质、人际交往能力等。

举个例子，员工 A 是业绩突出的销售冠军，擅长单兵作战，不爱与他人协作；员工 B 的销售业绩虽然不如员工 A，但他善于从全局思考，有大局观，更乐于鼓励和帮助团队的其他成员。

相比之下，员工 B 更有可能被晋升为团队领导，而销售冠军 A 则会被安排为部门冲业绩，承担打单扛任务的职责。

可能有人会说：“那些看起来没什么真本事，只会拍马屁的同事，怎么也能升职加薪？”

某些人表面上能力平平，只会在领导面前溜须拍马，从没干出什么成果。但也许你不知道的是，他擅长与人交际、获取资源，能为公司争取到的利益是其他人做不到的。职场上从来都没有无缘无故的晋升，只是很多原因你没有看到而已。

当你依然以“一分耕耘，一分收获”的公平理论看待职场的起起伏伏时，说明你的视野和思维还只停留在一个普通职员的水平。

只有从领导者的角度去思考什么样的安排是对团队整体最有利的，你才会恍然大悟为什么升职的总是别人了。

### 把“一碗水端平”的领导就是好领导吗?

评价一个公司的好坏，关键是看公司的盈利情况和发展前景。评价一个领导者却有多个维度，除了看他完成了多少 KPI，更要看他培养了多少未来的领导者，能不能搞定公司内外的各种关系，而不是简单地去看他给下属分奖金分得公不公平。

与其天天抱怨领导不公平，倒不如花时间想想他这么做的原因，挖掘出领导的目标，想想如何才能帮他实现目标，然后你才能知道自己该往哪个方向努力。方向错了，再怎么努力都是无效的，只会和领导的意图背道而驰，越走越远。

放下找领导讨要公平的执念，才能以积极平和的心态面对工作，继而调整“作战目标”，等待下次升职加薪的机会。

### 面对“不公”时，该不该找领导要答案?

假如你思前想后，依然认为领导偏心，这心结一天不解就无法安心工作，那不妨去找领导好好沟通一下。不过需要提醒的是，跟领导沟通前一定要做好准备工作。先花些时间跟周围的同事、前辈好好聊聊，等弄明白下面三个问题，再找领导也不迟。

第一，你认为的不公，是他的一贯做法还是只针对你?

第二，你认为的偏心，是只有你自己这么认为，还是大家都这么看?

第三，公司其他同事如何评价领导赏识的那个人，他们是否和你一样认为那个人很平庸?

收集完上述信息，你若依然不甘心，那就可以去找领导沟通了。在沟通时，要注意下列事项。

首先，从沟通的目的上讲，一定要明确自己是来表达上进心和对领导的忠心的；其次，从沟通内容上讲，可以反映自己听到的群众意见，但不要有针对性地表达“××× 好像工作不怎么样”，或是“我觉得 ××× 不行”这样的论调；最后，恳切地希望领导可以指出你的不足，为自己争取更多的工作任务和表现机会。在沟通过程中千万不要流露出兴师问罪、非我不可的态度。

总之，对于任何一个组织而言，都需要有人能干出业绩、拿出成果。领导再“昏庸”，也不可能把升职加薪的机会次次都给没本事的人。假如领导真的每次都任人唯亲，只用庸才、蠢材，那么也确实没必要跟他继续干下去了，不如早日另谋高就。

## 6 遇上合不来的领导，该辞职吗？

在职场中遇上与自己合不来的领导，就像开始了一个恶性循环 —— 工作中对领导有抵触心理，导致绩效不佳，由此领导看你更不顺眼，你的处境愈发艰辛，你对领导也更加不爽……每天上班度日如年，既舍不得离开，也无法重新振作，难道就此无解吗？

### 比领导更重要的是工作的价值和意义

上级领导是职场中对个人影响最大的人，和上级领导的关系也是职场中最重要的关系。这之间的关系既微妙又关键，轻则影响你的工作情绪，重则可以决定你的升职加薪，甚至是你在公司的去留。

和你有如此重要关系的一个人，万一真的与你合不来，难道就意味着你的前途一片灰暗了吗？

未必。

要先把关注重点放回工作本身，想想自己为什么选择这份工作。

在找到这份工作前，你肯定是希望获得自我成长，希望未来事业有成的。再加上公司的整体发展还不错，能给你提供施展能力的空间，让你积累很多业内经验……

如果思来想去，你能发现工作的价值和意义，并且的确能让自己有所收获和成长，那就先打消辞职的念头。毕竟领导的评价和态度只是影响你继续做现在这份工作的一个因素，并不能否决工作中的其他积极因素。况且，谁又能保证下一份工作中不会再遇到合不来的领导呢？

## 学会适应不同风格的领导

如果真的跟领导合不来，那也不能放任不理。每天上班混日子、破罐破摔也不是办法，正确的做法是找到解决方案，有效化解。

既然不想离职，也没权利换领导，更不能让领导来适应你，那就应主动调整自己的行为方式和思维习惯，针对不同风格的领导采取不同的应对方式。

以经典的性格测评体系 DISC 为基础，来看看有哪些典型的领导风格，然后对症下药，及时调整。

（1）支配型（Dominance）：以结果为导向，更关注事情的结果。

应对办法：和这样的领导相处时，要聚焦结果、效率、成本等核心问题。沟通时尽量简洁、有条理、有逻辑，先从结论和目标说起，不用谈太多细节。这一类型的领导最不喜欢听到别人对他的负面评价，因此提建议时一定要委婉。

（2）影响型（Influence）：以人为本，更关注人的感受，善于鼓舞和启发别人。

应对办法：和这样的领导相处时，要关注事件对人的影响和人的感受，多展示同理心和共情能力，在沟通时营造积极、友善的氛围。

（3）稳健型（Steadiness）：注重程序和过程，做事严谨，风险意识强，喜欢稳定的关系和稳定的环境，对安全的重视是所有类型的领导中最高的。

应对办法：对这样的领导可以多请示、多汇报工作进展，让他知晓流程进展及风险点，获得安全感。让他觉得你是踏实、靠谱的人最重要。

（4）服从型（Compliance）：注重规则和纪律，喜欢用数字和事实说话，逻辑性强，擅长分析和推理。

应对办法：对这样的领导要用数据说话，注意提交的成果的准确性和逻辑性，要分析事情的优缺点，让领导自己决定。

当然，以上划分也并非绝对，有些领导可能同时具有两种或两种以上的类型特质。因此，上述分析只是给读者做参考。

当你了解领导的类型风格后，就可以思考下列问题了。

- **领导更倾向用什么方式接收工作反馈和汇报？（邮件、电话、微信还是面谈？）**
- **领导听取下属汇报时的关注点是什么？（结果、人、流程还是逻辑？）**
- **领导的优点和缺点分别是什么？他的缺点对你而言是“致命”的吗？**
- **领导目前在工作中面临哪些压力？你如何做才能帮助他缓解压力？**
- **领导通常是如何处理冲突的？你有没有一种有效的方法应对自己和他意见相左的情形？**

如果你对上述问题百思不得其解，那么千万别忘记还有一个办法：找其他同事聊聊，多向他们“取经”。

**有些领导不值得跟随**

有些破裂的关系值得去修复，有些就不一定了。只要目前的工作对你还有意义和价值，领导没有人品上的大问题，你们只是在相处上有摩擦，对某些事情的看法有分歧，那么这段关系是值得你努力修复的。

可如果出现了下列情况，那么你还是果断放弃，另谋高就吧。

（1）你们水火不容，你的所有努力他都视而不见，而且他还针对你，处处给你“穿小鞋”，不仅让你“背锅”，还让你无休无止的加班，并且不给你相应的报酬。

（2）领导三观不正，做出违反职业道德的行为。

（3）领导只用阿谀奉承之人，或者只用关系户，调“空降兵”。除你之外，团队里其他有能力的人也都没被重用。

这个时候主动离职是唯一且必须的选择了。

谁的职场没有过迷茫和挫折？谁又能每次都幸运地遇到一个好领导？委曲求全并不会换来领导对你的另眼相看，放任自流更是对自己不负责。只有知己知彼、积极应对，才是改善上下级关系的有效方法。

如果你做出了改变，但仍然看不到希望，那就“道不同不相为谋”，把失败的过往总结成有用的经验，去对待你的下一个领导吧。

## 7 做好简洁有力的汇报，让领导对你刮目相看

在工作中如何向领导做好汇报，是很多职场新人遇到的一个困惑。在领导面前，很多人都有心理压力，于是汇报时战战兢兢，能少说就少说。偶尔被领导点名要求汇报，也往往思维混乱，眉毛胡子一把抓。

小文是M公司的一个项目经理。一天，领导问小文项目进展如何。结果小文一开口就叫苦连天，说任务多么艰辛，自己加了多少班，其他部门在配合时多么不给力，等等。啰哩啰唆了十多分钟，领导早就听得不耐烦了，眉头一皱，问道：“你就直接说结果，现在项目是做不下去了？”

小文看领导不太高兴，赶紧说起重点：“也没有，项目还是取得了一定进展的，比如×××，但是在×××方面还需要一些支持。”领导点了点头，说：“小文啊，你工作能力还不错，只是每次做汇报都太啰唆，抓不住重点，以后要简洁一些。你早说这个结论不就行了，我让咱们部门的小刘配合你，他和工程部的人更熟，开展项目会更方便一些。”小文大喜，有了帮手后，工作开展起来就顺利多了。领导又问了几个项目中的关键问题，看小文把握得还可以，也就没有再说什么了。

小文从领导办公室出来松了一口气，也暗暗下定决心，以后再汇报工作要努力改进才行，不然下次还会被领导痛批。

从上面的例子可以看出，汇报时简洁有力、抓住重点，才是领导期望的。那么，还有什么要点是一定要注意的呢？

### 结论先行

不管是写文章还是汇报工作，领导都希望第一时间看到结论，而不是听你云里雾里绕了一大圈才说到重点。

先说结论的好处是，如果领导没时间听你具体论证解释，也能针对结论快速给出回复。反之，如果一开始就是各种翔实的分析，主要观点被隐藏在最后，领导好不容易耐着性子听完了各种陈述，才发现你论证的结果并非他所预期的，顿时会觉得你浪费了他的时间。

还是回到小文的例子，当领导问他项目进展如何时，他需要一开始就简明扼要地总结 —— 目前项目到了什么阶段，有什么成果和困难，先让领导对全局有个思路。然后再针对具体的成果、困难等一项项展开来谈。这样的谈话会非常有效率，即使领导时间紧，5 分钟之内也能把重要的信息了解清楚。如果领导真的时间充裕，自然会了解些事情的来龙去脉，这时再去打感情牌，诉诉苦、表表功之类的，时机才正好。

### 基于事实和数据说话

很多人的口头禅中都有“我认为”“我觉得”这样的词汇，但在做汇报时，这些词语会夹带太多个人色彩，显得不专业。因此要尽量少用甚至不用。

表达观点时，要以事实和数据说话，这样能更客观地陈述事情，取信于人。

相较而言，说“我觉得这次方案客户不喜欢的原因是……”，不如说“我问过客户对我们的方案有哪些地方不满意，客户告诉我说是……”因为老板更愿意基于真实情况来做决定，而不是基于某一两个人的评价，尤其是下属的能力参差不齐，评判经常有不准确的时候。

在讲述事情的发展变化时，多用数据做支撑。当领导要求你提交的是文字性成果时，最好把数据用图表的方式展现，这样更为直观清晰。更重要的是，在展示数据时，要揭露数据背后隐含的意义，这才是真正有价值的分析。基于各种理论依据和事实依据得出的观点代表了你的专业能力，是整个汇报的重点和亮点。千万不能舍本逐末，一味地罗列数据和事实，而忘记自己要表达什么。

职场新人有时会有这样的误区：汇报文档中图表做得美轮美奂，界面大方精美，偏偏在领导最想看到的观点部分有所缺失。究其原因，是个人在发现问题、解决问题方面的能力还不够。搜集材料、整理数据，基本上难度不大，只要掌握基本的图表制作、PPT 制作技巧，就能达到及格水平。但是发现问题、分析问题、提炼观点的能力，却是更高层次的能力要求，不仅受个人的专业能力限制，更会受以往的工作经验、知识背景等的影响。

提升个人在解决问题方面的能力，不像学习做图表，上一两门课就能马上见效，而是要在实际工作中不断练习、总结。即使你提炼的想法很幼稚，对问题的分析也不到位，也没有关系。只要不断锻炼这方面的能力，多听听领导、同事的反馈，日积月累，分析问题、解决问题的能力一定会有所提升。

> 我有一个下属，名叫 S，无论是在书面文件中还是在口头会议上，他总不敢表达自己的想法。于是我每次都会有意问他："你认为这个事情反映了什么问题？""这些数字说明了什么？"开始时他也不知所云，说不到点子上。但是我依然会逼着他每次都去思考分析，让他拿出自己的观点。时间一长，他也预料到我会时不时地问他，于是会主动做准备，以便应对我的提问。久而久之，竟然也能对问题分析得头头是道。这就是持续训练自己思维能力后获得的进步。

### 给出建议，而非选择

每次收到下属发的邮件，我都会用 30 秒的时间快速浏览一下内容。有种情形最让人抓狂——下属询问我 ×× 问题该怎么解决时，并没有提供任何背景信息和自己的观点。这种邮件我都会直接打回去，让下属自己去找一个解决方案，再来问我的决定。

还有一种情况也很糟糕——下属提交一篇内容丰富的文档，附上的事实数据、背景信息都很详细，偏偏提供解决思路的时候说了三四种方案，还对每种方案做了分析，结论却是让我来选择。这时我也很头疼，邮件很长不说，我还要花很多时间和精力获得各种信息。这样的邮件我也会直接打回去，让下属从几种方案中提出最合理可行的一种并说明原因，不要堆砌很多信息让我来做选择题。

领导期望的是，下属用最有效的方式帮助他解决问题，让他省心省力。所以，别老是让领导做选择题，而是要带着解决方案去影响领导的决定。

# 第27章

# 与同事相处——职场没有永远的朋友，更没有永远的敌人

## 1 总有同事比你强，该怎么办？

> Alice是已毕业三年的互联网公司职员，每天勤勤恳恳地上班，常常加班到深夜。由于公司属于行业内的领先企业，人才济济、竞争激烈，哪怕她每天铆足了劲儿工作，依然业绩平平。眼看着同年入职的小伙伴一个个升职加薪，逐渐把自己甩在了身后，Alice多少有些不甘心。而团队中新入职的同事里也藏龙卧虎，潜力不容小觑，更加让Alice觉得“压力山大”。

像Alice这样处境的人在职场中并不少见，他们既不是老板眼中能力出众的“明星下属”，也不是让老板头疼的“麻烦精”，但是胜在工作踏实努力，也是团队中不可或缺的一员。尽管如此，做不了老板的得力干将，内心总归不踏实，生怕一不留神就被同事超越，在团队中垫底，继而悲惨出局。

这种无功无过的员工，内心安全感的缺失有以下几方面的原因。

（1）自身没有拿得出手的硬本领，能力上有明显的短板，实力上落后于他人。

（2）工作中总是不能发挥优势，干出亮点，很少被上级表扬和称赞。

（3）与同事的相处总处于弱势，很少发表自己的意见。偶尔提过自己的想法，却被上级和同事无情地打压，自尊心严重受挫。

找到了原因，就能对症下药、逐个突破。

## 不为平庸找借口，用实力说话

职场是个靠实力和业绩说话的地方，一个空谈大话却干不出成绩的人，即使一时得意，也不会次次如意。那些真正自信的人，都是内心强大、自我认知正确，并坚信自身实力的人。

如果你有别人都不具备的“金刚钻”，有一出手就能让对手臣服的必杀技，工作成果明显比别的同事优秀许多，能力技术在公司内外有口皆碑，难道还会天天惶恐吗？优秀的人总有共同之处，看看他们交付的工作成果，在会议中的精彩发言，面对客户时的用心周到，再对比自己草率的工作成果、心不在焉的发言，你或许就会明白自己的平庸不都是别人的错。

就算没有“珠玉在前”，万一哪天领导突然有重要任务交给你，可是想到自己能力不够，你多半还是会忐忑不安，对领导不好意思地说：“我做不来……”因此而错过一个表现自己的大好时机。

与其抱怨领导不给你机会，愤恨同事处心积虑，不如多花点时间打磨自己的硬实力，努力把工作所需的技能修炼得炉火纯青。当你足够优秀时，又何须害怕和他人比较呢？

## 别拿自己的短板跟别人的优势比

或许有人会说：“我在工作上明明已经很努力了，各种新技能也学了一堆，可是我的工作水平就是没什么提升。谁不想变得优秀呢，无奈我天资不行……”

当你足够努力却仍得不到理想的结果时，可能就是策略和方法出现了问题。大家都知道“田忌赛马”的故事，明明田忌的马不如对手，可是由于战术高人一筹，最终他还是赢得了比赛。在职场上和他人竞争，也是一样的道理。如果别人学什么，你也跟风去学，试图模仿别人的优势，最后很容易“画虎不成反类犬”，还是没有能拿出手的本领。

学习田忌的思路，不能用短板去跟别人的优势比，而是要挖掘自己的优势，让长板更长，从而成为自己的核心竞争力。在自己擅长的领域多投入时间和精力，更容易让自己变得优秀。

如果你不知道自己有什么优势，那么不妨主动找领导或经验丰富的同事寻求反馈。看看在他人眼里，你在哪些任务上完成得比较出色，在哪些能力上比别人有优势。当你获得的正面反馈越来越多时，自信也会逐步建立起来。

### 悦纳并关注自己的成长

如同这世界从来不完美一样，每个人都有自己的烦恼。表面看上去风光无限的、受领导器重的同事，没准儿承受着更大的压力。一个平庸的人一直业绩平平很正常，优秀的人偶尔失手时，承担的挫败感和压力是普通人的好几倍。

从概率分布规律来说，一个团队中的员工绩效必然是参差不齐的，绩效极佳的员工和绩效极差的员工都是极少数。大部分人都会因为资质平平或懒惰拖延等原因而居于中等。

当下属有上进心、绩效突出时，领导自然是喜欢的。但如果整个团队中的人个个都野心勃勃，甚至互相挖坑，那么这样的团队也是让领导头疼的。

能做到优秀自然最好，但是万一尽力了依然难以获得领导的青睐，那么成为团队中踏实可靠、兢兢业业专注于自己工作的人，何尝不是一种明哲保身、持续发展的策略呢？说到底，所有的不安和焦虑都是建立在和他人的比较之上的，当你真正把自己变成关注的中心，做自己该做的事情，用每天的进步和成长来和昨天的自己相比，而不是依赖外界的评价，才是找到了真正的自己。

## 2 遇上追求完美的同事怎么办?

你身边是否曾有这样的同事 —— 不仅事事追求完美，对周围人的所作所为也吹毛求疵。你再怎么努力，和他一比也相形见绌。摊上这些所谓的“完美主义者”，是福是祸还真是一言难尽。

其实，完美本身没有错，追求完美也没有对错之分，只是“完美主义”一旦不分场合、时间、事件，尤其是在职场上，没掌握好“火候”，那就会失去“完美”的意义。

### 追求完美不一定是团队目标

追求完美是把双刃剑，并不是放之四海而皆准的通用法则。所以，要先针对你的工作内容来看：完美真的是你所在团队追求的集体目标吗?

由于所处行业和公司战略不同，对完美的要求差别也很大。

在类似“苹果”这种追求品质领先的企业，而你又从事产品相关的工作，如果不把产品做到极致，那么想应付老板恐怕很难。

当周围的同事都在兢兢业业地打磨工作质量、追求精益求精时，你也必须要融入团队的氛围，这样你和团队的配合度才会更高，也能提升自己的能力。

但在很多成长型企业中,“速度”才是首要目标。他们对于工作不求尽善尽美，只求比竞争对手领先一步。类似于“小步快跑”的发展模式，不断推陈出新，迅速迭代。

在这种类型的企业工作，还坚持“慢工出细活”“一步到位”的理念恐怕就不行了。此时，你只要把自己负责的工作内容按时完成，达到合格标准就好。而你的同事如果是那个追求完美的人，你就需要给领导提前打预防针，事先报备有哪些任务是你不可控的，让领导去给对方施加压力。

**辨别“装完美”和“真完美”**

就算你的身边总是有看上去很像“完美主义者”的同事，那你也要擦亮双眼，分辨这样的完美是真是假。对于“装完美”和“真完美”，需要采用不同的应对策略。

(1)“装完美”的人。

这类人通常只是在领导面前装样子，多少有些刻意，该偷懒时也还是会偷懒，对于“追求完美”这件事很难持续。他们爱吹毛求疵，打着“完美主义者”的幌子，想靠一两个成果迅速获得领导好评。一旦目的达成，就会失去动力，工作水准也很难保持。

这样的人一段时期内或许很难相处，但是长期来看，他们并不会天天拿“追求完美”说事儿。

所以碰上这样“经常散漫，偶尔较真”的人，你无须太过紧张，可以让他折腾一阵，时间一长，他自己都撑不下去。尤其是短期目标完成后，他马上就会恢复散漫的本性，也就不足为惧了。

（2）“真完美”的人。

这类人天生追求完美，对人对己都是高标准、严要求，行事作风一贯如此。真完美的人做事出自本心，无论有没有人要求他，他都会尽量做到最好。

其实对于这类人你也不必介意，因为他并不是只针对你吹毛求疵，他对任何人包括他自己都是一样的高标准。

和这样的人一起工作，真是难以言说的爱恨交加。你想早点做完工作下班回家，他偏想再把细节打磨一遍；你的成果他看不上眼，提了一堆意见，虽然言语无情却句句说到了点子上，让你不得不服。

如果你判断出他就是货真价实的完美主义者，那么，从心态上不要盲目给自己施加太多压力，不用事事都跟他比着干，也别拿自己的短板和他“死磕”。

或许你在细节上不如他，但你效率高，面对问题能快速理清头绪；再或者你思路新颖，立意大胆，虽然不够尽善尽美，但总能出其不意、剑走偏锋。

实际上，在领导眼中，你们本就不是同一类型的下属，他对你们自然有着不同的期望。

总而言之，同事是你在职场中不得不面对的一群人，同样也是和你一起学习、一起成长的伙伴，更是互相督促进步的竞争对手。这种“相爱相杀”的情感微妙又复杂。既然你无法选择同事，那就包容对方并且尊重彼此的不同。终有一天，你会感激遇到的这些形形色色的同事，正是他们教会了你更多的职场道理，让你学到了更多的职场技能。

## 3 如何处理好与公司里老员工的关系？

无论是初出茅庐的职场新人，还是工作了几年后跳槽的“新”员工，一般都会遇见一些资格老、经验丰富的同事。能获得专业过硬、人品过关的前辈提携，那真是幸运。可职场中也有不如人意的时候，比如，碰到不好相处的前辈，他们对你颐指气使、打着“前辈”的旗号使唤你做这做那，甚至还会把难活、累活甩给你。

有些人逆来顺受，丝毫不敢得罪老员工；有些人和老员工发生正面冲突，闹得不好收场。更多人则是一边默念着“小不忍则乱大谋”，一边强挤笑脸继续工作，想着如何打翻身仗。

其实，只要掌握了下面几个策略和原则，处理好和老员工的关系就不难了。

### 能力平平者——不得罪，不与其为伍

在某国企综合管理部门工作十余年的李姐，有不少需要复印、扫描、跑腿、盖章的烦琐事务。应届生小吴的职位是文秘，上班以后，李姐就把跑腿、扫描等杂活甩给了小吴，导致小吴的工作量增加了不少，小吴因此而常常加班。反观李姐倒是清闲了不少，上网购物、微信聊天，还没到下班的时间就提前溜号了。小吴苦不堪言，但碍于李姐的资历，小吴也不敢不做。

实际上像李姐这类总是让新人跑腿的前辈，一般没什么恶意，而且基本上也能力平平，工作图安稳，没什么上进心，自然也不把刚入职的新人放在眼里。

对于这样的前辈，需要摆正心态，尽量不要得罪他们，毕竟他们在单位的人脉积累深厚，影响力不容小觑。不好意思直接拒绝的话，不妨拿领导给你安排的其他紧急工作挡一挡。前辈能安排你去打杂，是因为你资历浅，但是你要真是工作能力特别强，被领导委以重任，前辈自然不好意思安排你打杂。

需要注意的是，不得罪，不代表刻意接近。和这样资历深却没什么能力的前辈要保持距离，不与其为伍，否则时间一长，你很容易受其影响，被消磨斗志后变得不思进取，最终沦为同类前辈。

### 实力“大牛”——虚心请教，主动支援

当然，在职场中也会遇到厉害的前辈——业务精英。他们是老板眼中的骨干员工，同事心中的榜样，走到哪里都气场十足，让人又敬又怕。若他们给你分配工作，定会对你要求苛刻，对成果质量百般挑剔，对每个细节都精益求精。

能遇上这样的前辈，你应该感到庆幸。他们有真正的实力和本领，因此挑剔别人也无可厚非。这时你要抓住每个与他们共事的机会，从对方身上模仿、

学习。

提高对自己的要求，认真对待每个工作细节，同时向前辈虚心讨教、主动示好、积极配合，让他做你的职场导师，你则成为他的得力帮手。假以时日，当你的能力与日俱增时，与他形成联盟，定会助你事业发展一臂之力。

### 潜在对手——不起冲突，低调做事

> Linda是个有三年工作经验的职场人，后来被猎头挖到了现就职的公司。刚到新公司没多久，Linda就发现同一部门的Nancy总是有意无意地与她作对，还时不时跑到领导那里打小报告，搞得Linda在新公司里举步维艰。
>
> 其实不难理解，像Nancy这样的老员工，能力不差又有先入为主的优势，还积极上进，当团队中出现与她势均力敌的新人时，自然会产生危机感。Nancy背后的小动作，也是想给新来的Linda立个“下马威”，挫挫新来者的锐气。

如果我是Linda，我会避免和Nancy这样的“前辈”发生正面冲突。哪怕我再有能力，也不应在根基不稳的时候给自己招来不必要的麻烦。在新公司的首要任务是用最短的时间获取同事和领导的认可，站住脚，先不要太过张扬，免得树敌太多。对能力和自己相当的前辈，要做到尊重、不卑不亢，还要适时展现自己的实力，勿让对方小觑。

通过以上案例你会发现，在职场上，任你智商再高、能力再强，可一旦有同事在背后向你放冷箭、给你挖坑，你的职场之路也不可能一帆风顺。

刚到一个新的工作环境时，应该团结一切可以团结的力量，把周围的“前辈同事”全都发展成你的伙伴和帮手，这才是上上之策。

不要求你能和所有人打成一片，成为朋友，但至少不要让他们成为你的敌人，否则你的职场之路会很坎坷。

## ④ 办公室恋情是玩火还是真爱?

恋爱不易，办公室恋爱更不易。

一旦开始了一段办公室恋情，就意味着，原本充满“火药味”的职场，瞬间变成了浓情蜜意的情场。在职场上，你需要冷静客观、审时度势、专注成果；在情场上，你则需要激情甜蜜、忘我投入、你侬我侬。而当职场和情场重合在一起时，既是情侣又是同事的两个人，谁能保证每天可以在理性与感性之间切换自如呢?

**反对方：代价太高，不敢轻易尝试**

（1）谁去谁留，谁尴尬。

对于办公室恋情，各种行业、各个企业的规定都有所不同。

如果公司反对，恋爱时偷偷摸摸不说，还要时刻担心“饭碗”不保。有些公司会规定，凡是员工之间恋爱，只能留下一个人，所以，必然会有一人因为感情而失去一份工作。

为爱牺牲的那个人，多多少少会心有不甘；而留下的那个人则肩负着更大的压力和对未来的承诺，要负重前行。当爱情被突如其来的承诺和责任绑架时，努力维持这段并不轻松的爱情实属不易。

如果公司允许员工之间谈恋爱，即使光明正大，但毕竟在同一家公司，恋爱时并不能无所顾忌，单纯地只考虑爱情。能够圆满收场，自然是皆大欢喜；若是没能走到最后，单是面对无数的流言蜚语就很艰辛了，更别提还要和前任在同一屋檐下工作，那真是“大写”的尴尬。

（2）“霸道总裁”的红线碰不得。

不管你所在的公司的文化多么开明，和上司谈恋爱都是被严格禁止的。说严重点，无论两个人之间是否有真感情，都很容易被无数双眼睛盯上，保不齐还会触碰到“性贿赂”和“性骚扰”的红线。无论是在外企、国企还是在民企，这都是极不光彩的事，而且惩罚极其严重。一旦有人举报，级别再高的领导都有可能被公司开除，并留下职业生涯中难以消除的污点。

（3）“真爱”可能是他/她成功路上的垫脚石。

因为职场中有利益纷争，所以办公室恋爱的目的有时会变得不那么纯粹。有些人会拿爱情当幌子接近同事，希望获得某种职场利益，待目标完成后，迅速和对方撇清关系。

你以为遇到了真爱，也许对方只把你当作职场利益的垫脚石，最后被人卖了你还被蒙在鼓里。被“爱情”冲昏头脑的男女，往往会失去判断力，轻易卸下防备，让恶人有机可乘。

### 支持方：遇到对的人，与场合无关

（1）爱，真的需要勇气。

“任凭弱水三千，我只取一瓢饮”，谁让苦苦寻找的那个人恰好就是身边的同事呢？爱情从来都是盲目的，如果恋爱中的两个人真能用理性的思维来分析上述种种，那么大概也不是纯粹的爱情了。

在坚持还是放弃之间做选择时，两个人在经历了无数焦灼的日夜后，依然愿意义无反顾、勇往直前，哪怕遍体鳞伤，又或赌上二人未来的职业发展都在所不惜，只求人生无悔、不留遗憾，这或许就是真爱了。因为有了爱，就有了面对一切的勇气。

（2）男女搭配，干活不累。

随着人们的观念越来越开放，很多互联网公司，以及大多数外企都鼓励员工“内部恋爱”。

内部恋爱的好处显而易见，工作同样繁忙的小情侣之间可以不再互相抱怨，连加班也变得甜蜜起来，顺便提高了工作效率；熟悉对方的工作环境和朋友圈，相处时也更有安全感；同行业、同公司也意味着有更多的共同话题；越来越忙、越忙越宅的IT男总是发愁没时间找对象，在公司内部解决，高效又踏实。

实际上，每段爱情的开始都是相似的，但结局却千差万别。你往往猜得到开头，却不一定猜得到结尾。职场一时失意，可以转换战场，从头再来；可若把职场当情场，一旦踏错，可能会满盘皆输，再无翻身之日。所以，尽量不要去碰这条红线，否则不一定能承担得起后果。

## 5 如何巧妙化解职场争论?

在工作中总会不可避免地面对一些两难的时刻，比如，在集体会议中，参会的人争论得面红耳赤，针尖对麦芒，这时你是该挺身而出还是该继续沉默?

要是每次你只是淡淡地说“大家说的都很有道理，都对”，虽然不会得罪人，但是久而久之也会被人当成和事佬，在团队中会逐渐失去存在的价值，领导也会认为你对工作太敷衍。

### 感知情绪背后的需求

当你感受到团队中的争论愈发激烈，甚至有些人已经开始情绪失控时，你可以分析一下这情绪背后隐藏的需求是什么。

通过愤怒或激动的外在表现，他们传达出的需求也许是 —— 我需要你的尊重、我需要团队对我的信任、我需要更多的时间来应对以缓解压力，等等。

如果你能敏锐感知到他们情绪背后的需求，在说话时自然能从情感上给予对方安慰和理解。对方的情绪得以安抚后，也能找到被理解、被支持的感觉。

双方情绪平复了，才能听得进去别人的意见。

在 K 公司的一次大型市场活动中，现场出现了短暂的混乱，效果并未达到预期。

团队内部召开总结会时，项目负责人小李特别生气，情绪非常激动，一直抱怨同事小陈没有按照事先约定的流程来执行。而小陈也觉得很委屈，明明是项目流程有漏洞，自己事先给小李提过的建议他都没有采纳，自己只是临时变通了一下，减少了更大的负面影响。

于是二人围绕着责任在谁，激烈地争论起来。

如果你是与小李和小陈同一个部门的同事，也参与了此次活动，那么你的发言就异常重要。

先来看看小李和小陈愤怒背后的需求是什么。

小李的需求 —— 我是项目负责人，我需要项目中的所有成员听从我的指挥，尊重我的决定，因为出了问题也是我负责。

小陈的需求——作为项目参与人，我提的意见项目负责人从来不理睬，我需要他也能听取我的意见，希望他体会到其他人存在的价值，而不是一味地发号施令。

如果你能分析出上述需求，你的发言就要指向上面两位的需求，这样才能打动他们，快速结束争执。

比如，你可以先表达一下“对项目失败的惋惜”“人人都很难过”的心情，然后总结双方为什么会生气及期望的理想状态是什么。这样双方首先感到的是你很有同理心，你能够理解他们，接下来才有探讨具体解决思路的可能。

### 给出建设性意见

在团队讨论中，产生争论并不可怕，这代表发言人还是有思想和观点的。因为对于那些敢于争论的人来说，至少他们认真思考过。无论观点对错，总能对团队起到开拓思路、启发引导的作用。

那些每次发言总是附和他人，提不出建设性意见的人，才会被人鄙视。在他人的眼中，这样的人要么是无能，要么是对工作不上心。

所以，当每次有激烈争论的时候，除了表达对他人的同理心，更重要的是要给出有建设性的意见，这样才能真正让人心服口服。

还拿小李和小陈的例子来说明，在表示完同理心后，你可以再给出下列三条建议。

（1）以后在组织所有市场活动之前，首先要在内部充分讨论，让每个人都积极发言，讨论每条建议的合理性和可行性。

（2）一旦集体决策后，所有人必须严格按照已经决策的流程来执行。

（3）在活动现场执行时，一旦发现任何问题，不需要召开集体会议决策，而是要马上汇报给项目负责人，由项目负责人立刻决策，其他人无条件执行。

如果你能按照上述思路合情合理地“和稀泥”，那么大家不仅会觉得你有情有义，更会了解到你对工作的认真态度及突出的工作能力。

### “化干戈为玉帛”的小技巧

如果内部的争论已经持续了很长时间，谁都不肯相让，那么你可以提议，不妨先中场休息一下，各自冷静片刻。比如上个洗手间，来杯咖啡“充充电”。短暂的休息后你会发现，同事们不只是心情得到了暂时的舒缓，思路也会焕然一新。本来剑拔弩张的两个人，在经过短暂的休息后多少会变得心平气和一些。

这时再继续原来的话题，你正好可以趁机对之前的激烈争论来个适时总结。简单陈述双方的不同观点及你的理解，以获得不同观点方的再次确认。

经由第三人总结转述后，本来分歧极大的观点往往也会变得中庸一些。

你还可以提议在每次会议前设定好一些明确的规则，比如，头脑风暴时只能提出观点和想法，其他人不可以做评判，等到所有人提完了想法并进行阐述后，再来进行集体讨论。这样的机制能够最大限度地减少无谓的争执。

总是一团和气、心平气和的团队也未必好，理不辩不明，只要别伤了感情，适时的内部争辩对于解决问题还是很有帮助的。因此，当你再遇到本小节提及的团队成员争辩的情形时，大胆说出自己的观点吧，不要让自己成为被遗忘的和事佬。

# 第28章 建立你的人脉圈——职场滚雪球的秘密

谁都希望在职业发展中能遇到几个贵人，关键时刻提携自己一把，在事业困惑时有几个良师益友保驾护航。然而现实中总有人抱怨，不仅没有贵人相助，着急时连个可以咨询的人都没有。要知道，别人朋友众多、左右逢源，那都不是一日之功，更非运气使然。如同积累职业经验一样，人脉也是要日积月累、用心经营的。

## ① 如何把工作中的伙伴变成自己的人脉？

在工作当中，你会遇到很多与外部合作的机会，认识外部伙伴，如客户、供应商、外部合作机构等。大家因工作而相识，但是时间一长，有了信任的基础后，怎样和他们建立起私交，让他们成为以后可以帮助自己的人脉呢？

### 结交重要的 20% 的人脉

著名的帕累托定律（又叫二八原则）提到，重要的事（人）只占全部事件（人）的 20%，但是这 20% 带来的影响力远远超过剩余的 80%。把自己的精力用于经营人脉圈子里的所有人是没有意义的，更是不现实的。不妨想想看，对于微信好友里的上千人，你与 80%~90% 的人都仅仅停留在“点赞之交”的层面，时间一长，大家连对方的名字和职业都想不起来。这种没有深交的朋友，很难在关键时刻发挥出价值。

该如何选择对自己至关重要的 20% 的人脉呢？

首先你们的地位和资源应该相差不大，这样才具备双方互惠互利、资源置换的前提。基于相对平等的关系，更容易发展成共同成长进步的好伙伴。

除了聊聊工作、谈谈发展，再试着找些大家的共同兴趣爱好，混一混共同的圈子。在一起相处久了，感情加深了，以后有需要时也容易开口，对方一般也不会袖手旁观。

还有一类人是需要你去仰视的，如一些行业“大咖”、导师等。虽然由于工作关系你们相识，但因为彼此能力、地位相差悬殊，所以你们很难成为平等相处的朋友。但是，有时功成名就的人也有意愿结交年轻人，因此如果你们有机会一起工作，你要多去考虑对方的需求，先把工作范围内的职责做到位，让他对你建立初步的信任感。然后再借机向“大咖”多多请教，虚心诚恳，这样日后才有机会被“大咖”提携。当然，“大咖”本身已经有足够强的实力，对远不如他的“后辈小兵”的需求并不能一一满足，这也是人之常情。所以不必对“大咖”寄予太高的期望，不过度打扰，寻找适当的时机很关键。

**有礼有节，进退有度**

在工作中认识的人并不是单纯的朋友关系，交往时多少带有一定的目的性，也做不到“只谈风花雪月，不问江湖纷争”。这种略带功利的交往也许不像同学、朋友间那么随意轻松，也不一定长长久久。但是既然各怀目的，就具备了建立关系、互帮互助的可能。

这种带有功利心和目的性的关系由于感情基础比较差，因此要注意有礼有节、进退有度。若是把外部合作建立的人脉当成发泄职场情绪、抱怨公司老板的对象，那就不合适了。说不准他们跟你的老板比跟你还熟悉，有些话你说完马上就传到老板耳朵里了。

更可怕的是，生意场翻脸不认人的情况并不少见。你曾经的客户也许有一天会与你的竞争对手合作，你曾经的供应商也许有一天会成为你的同事。这样的概率并不小，因此哪怕私交再好，切忌将自己知道的事跟工作中认识的朋友全盘托出，包括老板的花边新闻和公司的商业机密等。万一哪天对方身份角色变化，你会悔不当初。

如果真想找个人排解工作中的压抑情绪，吐槽老板和同事，还是应该找自己的好闺蜜、好哥们儿。

不过既然是人与人之间的相处，那就逃不开情感。而商场、职场偏偏是看似情深义重，却翻脸就无情的场合，所以对工作场合结识的各色朋友，既不能太虚情假意，也没必要用情太深。对方需要时，鼎力相助；对方不需要时，专心自己的工作，这样才能彼此心安、关系长久。

## ② 跳出工作的圈子，结识更多的人脉

假如你的圈子只限于原来读书时的同学、朋友和上班时认识的同事，那么圈子就太窄了。每天上班、下班两点一线的日子，或许确实没太多机会认识工作以外的人。累了五天以后，周末只是想窝在家里睡个懒觉，越发没有扩展人脉的动力了。

性格不同的人，在扩展人脉上是有很大差别的。有的人天生热衷社交，只要是人多的地方就有他们的身影，有什么小道消息他们也能了解得清清楚楚。这种类型的人扩展人脉时相对更容易一些。而内向型的人都比较“宅”，也不喜欢凑热闹，这些人总是苦恼很难扩展人脉。

进入互联网时代后，圈子也分两种：一种来自网上的各种社群、论坛等虚拟群体，即使双方未曾谋面，也不影响天各一方的人们在网络中找到知己；另一种是传统的线下圈子，大家能见面聊天，在真实世界中的信任感也更强一些。

不管是什么样的圈子，都要选择适合自己的方式去拓展。非要让一个不爱社交的人去参加有很多陌生人的饭局，他自然会浑身不自在；但是换到网上的社群，所谓的“社交障碍”也就不存在了。

关于拓展工作以外的人脉圈，我发现有以下两种有效的方式。

### 方式一：深造学习，提升自己

现在已经进入了终身学习的时代，知识的变化更替也是日新月异，一个不能用最新的知识技能武装自己的人，迟早要被社会淘汰。于是很多人选择工作几年后继续深造，不仅能提升自己，也能拓展人脉。毕竟读大学时的专业不一定是自己喜欢的，在工作几年后，通过继续深造，实现职业转型也是个不错的路径。

现在很多学校都有在职硕士的课程，既有专业性较高的金融硕士等，也有通用管理类的工商管理硕士（MBA），如果能申请到国内外的名牌大学，那更是无异

于为职业发展插上了一双腾飞的翅膀。再加上名牌大学的录取率本来就偏低，能够被录取的学生都是优中之优，经过两三年时间的同窗关系，大家的感情自然不一般，这些便是未来在事业上对你有助力的积极人脉。

我在咨询公司的一个同事在读完 MBA 以后，不仅顺利换到了心仪的互联网知名公司的战略发展部工作，还在读书期间找到了男朋友，实现了事业爱情的双丰收。

通过同学介绍，成功跳槽换工作的情况还是不少的。校友圈子的影响力不容小觑，尤其是北大、清华等名校的校友群。评估读一个清华、北大的 MBA 花 30 万元值不值，并不能用学了多少知识技能来衡量，要知道，积累的这些人脉是终身受益的。而且每个学校都有自己鲜明的特色，校友优势也各有不同。比如，金融行业基本上被清华、北大、人大这几所学校的毕业生垄断，如果想进入，那么通过读这些学校的相关专业的人进行推荐，机会肯定比较大，毕竟很多内部推荐职位是不会对外发布的。

**方式二：通过兴趣爱好找到同好**

结交人脉也不能时刻带有功利性，不仅自己活得太累，也不容易交到真正的朋友。除去繁忙的工作，业余时间只用来刷手机、追剧的话，难免枯燥。不妨试着从自己的兴趣爱好入手，以放松的目的去参加自己感兴趣的活动，加入感兴趣的社群，时间长了，那些聊得来的人自然就成了朋友。

交朋友也是一种投资，如果只是朋友圈的“点赞之交”，或者仅有一面之缘的朋友，当你真的遇到问题需要帮忙时，这些不曾深交的朋友是帮不上忙的。只有那些有一定的感情基础，平常对你有所了解的朋友，才会在关键时刻帮到你。所以，真正的朋友都是长时间慢慢培养出来的。

现在这个信息发达的时代，只要你有心，一定能找到兴趣点，并找到志同道合的小伙伴。不管你喜欢的东西有多冷门，都有相应的人群。

2018 年 4 月，我报名了水墨画画家林曦老师的线上书法课程，我本以为现在学习传统文化的人并不多，结果报名后在网络上认识了很多学书法的同学。大家自发建立了微信群，在群里交流书法学习心得，也分享传统文化中“琴棋书画诗酒花”的美好，有时大家相约一起去看展、赏花、喝茶。长达两年的学习中，和同学们的交流分享，不仅排遣了我独自练字的孤独，更助我认识了不少志趣相投的朋友。有时大家聊天时会惊讶地发现，自己竟然和某个同学住在一个小区，或者在同一个大楼里上班。两年来，大家之间能建立如此强的亲切感，对书法的共同爱好是大前提。

我能去 IBM 面试，也是一个比我早进入 IBM 的朋友推荐的。我和这个朋友就是在参加 JA（国际青年成就组织）的公益活动时认识的。后来我们还经常在活动结束后和其他志愿者一起吃饭聊天，慢慢地又拓展到了爬山、打羽毛球等文体活动。时间一长，我们这十几个热衷做公益的朋友就越来越熟悉了，感情也越来越深。在我准备换工作的时候，托 IBM 的朋友打听有没有合适的机会。很快朋友就得到了内部招聘信息，推荐了我去面试，这才有了我后来顺利进入 IBM 的机会。

## 本篇小结

和领导相处，就算你偶尔任性，也要遵从已有的职场规则。和领导关系好，只是必备的条件，并不能保证你一定有机会升职。只有踏踏实实把工作做好，并且自己身上有硬本领，建立领导对你工作能力和工作态度的信任后，未来才有进一步发展的可能性。

“奇葩”同事哪里都有，即使你再不满意，也不要和同事发生冲突。职场上没有永远的敌人，只有永远的利益。

除了自身能力过硬，职场人脉也是助力你实现目标的重要资源。不必一味追求朋友的数量，能够帮助你的都是那些和你有深交的人。

## 本篇练习

**练习一：**回想一下你和领导相处的过往，你是否真的清楚领导对工作的要求？领导最欣赏什么样的工作成果？

**练习二：**试着寻找一下工作以外的人脉圈子，并确定一个你希望在半年内进入的人脉圈子，至少结交 2~3 个深度交往的朋友。

# 职场选择篇

## ——在纠结和痛苦中蜕变

# 第29章 去大公司就是镀金吗?

很多人在找工作的时候会纠结，该去大公司还是小公司？尤其是对刚毕业的年轻人来说，大公司意味着好的发展平台和较高的起点，但是升迁太慢；小公司锻炼机会多，但是不够稳定。大有大的好，小有小的妙，确实是各有利弊。

> 我的好朋友May就遇到了这样的选择难题。她告诉我，近半年来她一直在找工作，昨天终于拿到了新Offer。本来是挺值得庆祝的一个好消息，但May还有些纠结。原来，May的新Offer并不理想，比上一份工作的工资低了将近20%。要不是因为新公司在行业内数一数二，May就直接把Offer给拒了。一想到要降薪加入，May就觉得“肉疼”，可是谁让新公司的公司品牌好呢？May还是咬牙接受了Offer，下周就要去新公司报到了。

像May这样的情形并不少见，原来的工作平台太小，努力半天好不容易拿到了心仪的大公司的Offer，可HR却以各种理由告诉你只能降薪加入。面对这样的纠结，到底应不应该接受这个Offer呢?

## ① 加入大公司的价值

### 优秀的个人发展平台和公司品牌影响力

排名世界 500 强、国内 100 强的大公司，在几十年甚至上百年的商战风云中能立于不败之地，必然有其成功的道理，这也意味着这些公司具备先进的管理理念、良好的业内口碑。能进大公司的人，不仅能接受先进组织的培养和锻炼，更能获得一个很好的平台，为下一份好工作准备跳板，其升值潜力是小公司无法比拟的。所以，去大公司等于“镀金”，是有一定的道理的。

比如，快消行业的宝洁、IT 行业的 IBM、医疗行业的 GE、互联网行业的 BAT，都被称为其所在行业的“黄埔军校”。除了因为其在业内的傲人业绩，公司在人才培养上的巨大投入和先进理念，使其输出的人才在业内有口皆碑。只要有机会进入，积累几年后就会成为市场上炙手可热的人才，被竞争对手以两三倍的工资挖走的情况也并不少见。假如真的要降薪进大公司，以后也一定能赢回这份损失。

此外，在大公司工作过的人，受过先进的管理体系的熏陶，有专业的职业素养，工作能力是被大公司所验证过的。因此这份履历就会成为以后个人求职的“背书”。相较而言，小公司的管理水平良莠不齐，业务模式也不稳定，导致员工的水平参差不齐，因此面试官很难评估出这些候选人的真实水平。

就职于大公司的人，除了自身能力素质优秀，更拥有优秀企业培养出来的先进管理理念和管理实践，这正是新公司希望能借鉴和学习的，即使付出高于市场水平的薪酬也在所不惜。

> 我的一个前同事 Lin，原来在 IBM 做销售经理，同时还担任兼职讲师，定期培训销售人员。后来他被 IBM 的竞争对手挖走，也是因为新东家看上了他除了工作能力外，还能为公司持续培养销售人才的附加值，为此开出了两倍工资的高薪。

### 先进的经营模式和管理理念

打个简单的比方，在大公司工作，就像在乘坐一个快速上升的电梯，因为电梯本身的速度就比走路快，所以电梯中的人也不知不觉跟着电梯一起上升了。有些风景只有在最高层才能看见，而步行爬楼的人往往根本找不到通往顶层的入口。

无论是经营管理、技术研发，还是人才培养体系，大公司，尤其是优秀的世界 500 强企业，都是行业的引领者，而中小公司只能在后面追随。高科技公司尤其明显，行业领先的公司由于实力雄厚，高端人才聚集，在研发方面投入巨大，甚至是投入数年、数十年做一项研究，才能在技术及产品上保持业内领先。这对中小公司来说是完全不现实的，中小公司既没有这样的资金去支持大笔的科研投入，也招揽不来行业内的顶尖人才，更无法承受研发失败的风险，所以只能跟随和模仿。这就像在手机领域，iPhone 出了一项新功能，其他手机厂商就立刻追逐模仿，连提的概念也几乎一模一样。

名校毕业的技术人才，尤其是博士，很少有选择中小公司的，因为只有在大公司这样的广阔平台上，“英雄”才有用武之地。即使是做研发的本科生、硕士生，加入大公司以后，都有机会接触全球领先的技术理念，与全球这一领域最优秀的科研人员一起工作，从事的项目遥遥领先于中小公司。这对个人的技术水平提升无疑有巨大的促进作用。而在中小公司，眼界受限，周围人的水平也许还不如你，几年下来，你和大公司的研发人员在能力上自然就有了差距。

大公司之所以能屹立几十年甚至上百年，成为业内领先企业，必然有其成功的道理。这种领先不只体现在研发上，还体现在经营管理的方方面面。

如今的华为已成为举世瞩目的企业，受人尊敬，当年也是花了重金向 IBM 学习，付出了高达 40 亿元的学费，才建立了内部完善的 IPD（集成产品开发）、ISC（集成供应链）等各项管理体系。在向 IBM 学习的 5 年时间，华为脱胎换骨，为成为世界数一数二的通信企业打下了坚实的基础。

现在被很多企业广为应用的 HR 三支柱体系，就是 IBM 首创的，而 IBM 后来在设计思维、敏捷文化、变革领导力上的推广，更是其他企业学习的典范。

当你站在巨人的肩膀上时，自然也能用巨人的视角看待世界，即使有一天走下巨人的肩膀，至少你还可以给别人讲讲他们没看过的风景。

### 复杂的环境更能锻炼人

在动辄上万人的大公司中，组织机构复杂，晋升的要求也很高，但也意味着能脱颖而出并不断获得晋升的人是真的厉害。和优秀的人在一起，当然会变得更优秀。尽管有句话叫“宁做鸡头，不做凤尾”，可如果周围的人都碌碌无为，能力一般，即使你做了“鸡头”，也没有多大价值。

在大企业，锻炼领导力的机会也有很多。比如，IBM 有明确的规定，为了组织更精简，每个 People Manager（直接带人的经理）管理的下属不能少于 7 个，因此对经理层就有了更高的能力要求。我之前直接管理的下属有 20 多人，而且分布在不同的工作所在地，那么管过 20 多人的经理和小公司最多管三四个人的经理在管理水平上自然有明显的差异。而且大公司不同的部门、不同的团队之间经常有合作机会，这时常常需要 Team Leader（团队领导人）、Project Leader（项目领导人），非常考验领导者的沟通协调能力、领导能力。哪怕在大公司没有机会升成管理层的经理，但是有过做小团队领导的经历，离职后也很容易找到中小企业经理层的职位，毕竟在大公司历练过管理能力的人，已经超越了很多小公司经理人的水平。

在跨国公司，更有很多机会和来自世界各地的人一起工作，甚至有不少去国外工作的机会，这更能培养个人的跨文化协调沟通能力。与不同国家的同事一起工作时，更能了解到不同国家的文化，学习到不同国家同事身上的优点，获得全球化视野，而在国内的小公司工作是几乎没有这种机会的。

### 业务模式相对稳定成熟，公司风险系数较低

和小公司相比，大公司经历了多年的积累，因此业务模式相对成熟，公司突然倒闭的风险相对较低。

很多人选择离开小公司，就是因为小公司在业务上不稳定，管理制度朝令夕改，让员工缺乏安全感。如果公司当年效益好，老板心情好，一次给员工发 20 个月的工资作为奖金也不稀奇；可是如果经营不善，也许连工资都有可能发不出来。

大公司则更多依赖稳定的机制来管人，依赖成熟的业务模式来挣钱，不会因为某一个老板的喜好而对公司发展方向改来改去。所以，员工每年的收入都在可预期的范围之内，不会有惊喜，也不用担心公司明天就会倒闭。

### 卓越的培训体系

宝洁、IBM 等世界 500 强公司被称为行业的“黄埔军校”，与其完善的人才培

养体系密不可分，这也是很多中小企业最难超越的地方，毕竟人才的培养积累不是一朝一夕的事情。优秀企业的人才培养通常采用3E模式，即Education（培训）、Exposure（经验分享）、Experience（在岗经验积累），这三方面的比例大概是1:2:7。

外企除了上各种常见的培训课程以外，还包括导师制、轮岗制、工作观摩、高管助理、特殊项目锻炼、回馈人才培养等培训制度。

以新经理培训为例，一个员工从不带人的普通员工晋升到带团队的经理，其工作职责发生了很大的变化。那么，如何将一个单打独斗的员工培养成带兵作战的将帅呢?

以IBM为例，首先会安排专门针对新经理胜任力的培训，包括培训领导力、文化价值观、面试技巧、绩效辅导等新经理在工作上应知应会的知识技能，后续还有战略一致性、影响力提升、教练技术等一系列提升管理能力的培训。

更重要的是，HR有专门的人才培养部门，会持续帮助新经理胜任新工作。在经验分享部分，则通过安排高管作为导师，让新经理参与高管的工作观摩学习等；听高管亲口讲述自己带团队的故事和成长历程，像影子一样跟随在高管身边观摩学习他们的真实工作，远比听几门培训课有价值得多。

在文化开放的公司，更是鼓励员工自己去找导师，而不是等着公司来安排。员工的个人发展首先是员工自己和直接上级的责任。因此，员工遇到困难却找不到导师的时候，直接上级也不会坐视不管。在宝洁、IBM这样的公司，当你某天主动联系一个陌生的前辈，问他愿不愿意做你的导师时，通常很少有人会拒绝。因为公司早已形成这样的文化，每个人既要主动对自己负责，还要积极帮助他人成长。

最重要的其实是在岗工作经验的积累。例如，IBM为了让经理更快成长，会给他们安排一些有挑战性的项目，或者让他们参与一些公司战略相关的项目，即使这些项目可能和本职工作不太相关。但正是通过对这种跨部门甚至跨国家的项目的参与，能够让经理的管理能力、人际交往能力快速得到提升。

雀巢也有类似的行动学习项目。行动学习旨在让管理者获取领导力的实践经验，即在团队合作中解决重要、紧急的项目。行动学习以小组形式开展，不同部门的学员组建成几个小组后，雀巢的执行委员会会提出战略项目或业务问题，然后由学员思考、评估项目，并从财务、供应链或其他业务角度提出建议方案。针对学员提出的新方案，领域内的权威教授（受雀巢邀请）会结合中国最新趋势进行案例分析，以帮助学员打开思路（与管理和生意相关）。在行动学习过程中，学员有机会通过领导力评估（Talent View-Leadership）和360度反馈深入了解自身的领导力状况。

很多中小公司也舍得花钱请老师做培训，但这只学到了人才培养体系中非常有限的10%而已，即使能照猫画虎地安排出导师制等项目，其效果也往往不尽如人意。这背后的原因是，在优秀大企业几十年甚至上百年积累出来的先进体系，依赖的不是某一门课程、某一个项目，支撑其源源不断培养出杰出人才的，是人人重视人才培养的一脉相承的文化，以及科学合理的培养机制。

## 2 在大公司工作的弊端

### 薪资待遇没有谈判空间

大公司的品牌影响力大，在人才招聘上有先天优势，招聘一个适合的人才并不缺候选人，因此同一个岗位的竞争异常激烈。尤其是很多初级职位，作为人才需求方，供给方人才源源不断，市场的决定权就由买方（雇主）来决定。当大公司可以依赖溢出的品牌效应从市场上招到合适的人才时，就没必要用优厚的薪资待遇来吸引员工，更不会给候选人太大的薪资谈判空间。

说白了，大公司招人的思路是，“想来我们公司上班的人都挤破头了，即使你不来，还一堆人等着呢。”

### 分工太细，难逃“螺丝钉”命运

大公司在管理上早已过了粗放型的阶段，组织架构也相对成熟，职位分工非常精细，每个人在自己的领域内都能做到又专又精，以此保证组织运转的高效性。

大公司的成功不依赖某个个体的成功，不管是多么高层的人员离职，公司都能照常运转。在这里，个体对组织的影响力变得异常渺小，很多初级职位难逃沦为“螺丝钉”的命运。

刚毕业的新人加入大公司的前两年，基本是在打杂。比如，给别人打打下手，做一些支持性工作，没什么机会能独立负责工作。

在后台支持部门，往往是天天埋头制作 Excel、PPT，加上部门团队间的沟通协调、邮件处理等文书工作，技术含量并不高。

业务部门的新人需要跟着有经验的前辈跑客户，积累自己的资源。大公司里大项目多，大客户多，因此，没有两三年的时间很难获得独当一面的机会。

在大公司工作，提升的是个人的职业素养和专业能力；但是在小公司工作，什么样的工作都会接触一些，有助于综合能力的提升。小公司没有那么细的分工，变数较多，岗位职责也会经常调整，有更多的不确定性和自由发挥的空间。

小公司的发展速度非常快，会逼着员工主动承担更大的职责。在大公司往往七八年才能升到管理层；但在小公司，有能力的员工往往两三年时间就成为骨干员工，四五年时间就能上升为中层。这样的升迁速度在大公司是很难实现的。

**人际关系复杂，不站队有风险**

大公司的组织结构错综复杂，人际关系也不如小公司简单。

当你想做成一件事时，上上下下要牵涉数十人，在跨国公司还可能需要协调来自不同国家的人，大家的思维方式有很大的差异，因此在内部沟通上要花费大量的时间和精力。

我之前在 IBM 工作时，自己管理的团队有 20 几人，分布在国内的北京、香港、台湾、大连。我的直线老板在菲律宾，日常需要配合的其他工作伙伴也分布在不同国家，有在美国的、英国的、印度的、日本的，等等。大家不仅所处时区不同，在文化背景和思维模式上也有很大差异。在这样的环境中工作，要能接纳多元化的工作风格、工作习惯，保持开放的心态，更要学会如何和不同文化背景的人相处。

有人的地方就有江湖，人越多的地方，江湖纷争就越激烈。所以，大公司的人际斗争、政治派系纷争都比小公司复杂得多。搞不定方方面面人际关系的人，很难在大公司有长远发展。

# 第 30 章 在小公司工作的利与弊

由于种种原因没能去成大公司工作的年轻人也不必灰心，要知道，小公司也有很多大公司没有的优点。

## 1 小公司的海阔天空

我刚加入 IBM 时，入职培训的时候听 HR 讲，一个应届生从加入 IBM 到晋升为高层管理者，平均时间是 18 年。当时我虽然知道在大公司晋升不容易，可也没想到世界 500 强公司的晋升要这么久。这意味着在 IBM 平均 40 岁才能晋升到高管，还是在一切顺利的情况下。在大公司层层分布的金字塔结构中，处于基层的人数众多，能够获得晋升机会的人可谓凤毛麟角。

更多人的结局是，受制于个人潜力等原因，到了中层以后就无法获得晋升了，毕竟大公司的高管人数是有限的。在经济形势不好的时候，大公司为了自保，首先要缩减开支，那么年龄大的员工、技术落后的员工最有可能被放到裁员名单当中。

在一个机构庞大的大企业中，每个个体就像是一艘巨轮上的小小螺丝钉。企业能够运行几十年甚至上百年，早已不是依赖某一个个体的成功，而是依赖企业多年积累传承的管理机制、业务流程、文化战略等。因此就不难理解，哪怕是殚精竭虑的企业高管，在面临企业转型或个人绩效不佳时，照样会被辞退。

在小公司则完全不同，“一个萝卜一个坑”，有时一个职位还身兼数职。随着公司的发展，每个岗位的职责都可能延伸或改变。因此，对员工也提出了更综合的发展要求。小公司面临的竞争也少一些，只要能力突出，很容易被老板发现。再加上在内部晋升时没有那么多条条框框的限制，因此晋升速度也比大公司快很多。

我的朋友小阳，一毕业就加入了一家初创公司，当时那家公司加上老板也不过五个人。可是老板自身背景很牛，公司的业务方向——教育领域——也是小阳非常感兴趣的。加上小阳本身并不喜欢大公司复杂的组织结构和人际关系，因此毅然加入了这家初创企业。公司刚成立没多久，人又少，小阳是最年轻的员工，于是很多基础性工作都是他来做，比如，准备上课的资料、和老师及学员进行协调，甚至还要帮老师们订机票、安排住宿等。小阳本来就悟性很高，加上他又努力上进，成长迅速，加入公司后不到两年就能独当一面，因此升为了项目经理。

又过了三年，公司在业内名声大噪，成为行业内的领军企业。进入互联网时代后，公司决定在已有的业务上增加在线教育业务。这时的小阳已经成了跟随公司一起发展壮大的核心骨干。他年轻、有闯劲儿、有想法，于是在公司内部赢得了上上下下的信任，老板就放心地委任他作为新业务的负责人。小阳果然不负众望，用了一年多的时间就把公司的新业务发展壮大，年底拿到了高薪不说，还获得了一大笔股权，他本人也在行业内获得了极佳的口碑。

后来，一个猎头把小阳挖到了一家中型的互联网教育公司做运营总监，待遇丰厚。这时的小阳还不到 30 岁，当同龄人还在苦哈哈地做“IT 民工”写代码时，他已经早早地跨入了互联网公司高管的行列，薪酬是同龄人的 5 倍。

### 薪酬弹性高，增长速度快

不像大公司有严格的薪酬体系和薪酬标准，小公司的薪酬待遇等相对灵活，尤其是绩效奖金、年终奖等，基本是按照公司的业绩由老板看着发的。业绩不好的时候，大家奖金都不多，甚至压根儿没有；但是只要公司业绩好，老板高兴起来也有可能发丰厚的奖金。

很多人是因为担心小公司风险高而不愿意加入。为了网罗到优秀的人才并留住人才，小公司的老板们就算是不情愿，也常常会出高价钱寻找优秀的员工。因为老板们都知道，在公司规模小的时候，没有公司品牌，只能靠高薪挖到人才，只谈情怀和梦想毕竟是空洞的。公司的人才就是公司最大的财富，有了人才，就有了生产力，才能有订单和客户。为此，小公司更乐意为人才付出更高的薪资。

### 人际关系简单

小公司一般规模不大，上上下下就那么几十号人，最多上百人。因此同事之间更加熟悉，关系也简单很多。没有你上我下的惨烈竞争，相互之间的摩擦和争斗也相对少一些。

大公司里由于人数太多，有时大家在一个电梯里遇见，都叫不出对方的名字。更别说身处底层的“小兵”，在公司待上好几年，可能都没机会和公司的高管说上一句话。

在层级结构复杂的大公司，要办成一件事很困难。从着手准备，到一层一层上报审批，经过自己所在的部门，再到上级部门、地域负责人，甚至还有可能到国家负责人、全球负责人，来来回回邮件往来、电话会议等，往往一个月过去了还没拿到最后的审批。

而小公司组织结构简单，从 CEO 到普通员工，没有那么多层级，沟通和决策就变得更有效率。有什么急事，把大家召集到一起开个会，很快就说清楚了。从当面找到老板到最终拍板决策也不过是一两天的事，比大公司要顺畅得多。

## 2 加入小公司的弊端

与大公司的稳定、成熟形成鲜明的对比，小公司最大的弊端在于，因业务和管理上的不成熟而带来的企业经营风险较高。在变化莫测的商场上，久经沙场的老兵比刚上场的新兵的抗风险能力强很多。

### 小公司的风险远高于大公司

小公司的高风险很大一部分源自企业老板本人，要知道，大公司离了谁都能转，可是小公司的老板却能一个人决定企业的存亡。老板的管理水平高，则企业的管理水平就高。如果老板很容易任人唯亲，就会导致企业高管通常是老板亲自挑选的自己信任的亲戚朋友。不要说公司有没有清晰的业务流程和管理制度了，老板个人还要充当跑销售或技术带头人的角色，在经营管理上难免存在各种问题。

有不少人入职时看着公司形势一片大好，老板许诺一大笔股票期权，上市后人人都能成为百万富翁、千万富翁，可又有几家公司能真正走到上市那一步呢？敢于冒着高风险加入这些初创企业的人，与其说是相信老板画的大饼，不如说是多少有一些“赌一把”的心态。如果企业最终没发展起来，那么员工个人虽然没有什么金钱方面的损失，但是在这家公司干了几年的时间成本却是一笔不小的代价。

之前闹得沸沸扬扬的熊猫直播公司就是非常典型的例子。熊猫直播公司刚成立时，从 360 挖了大批技术人员。大家看重直播是个风口，老板王思聪又实力雄厚，舍得给高薪、给股权，所以都盼着公司上市那一天实现财务自由。没想到短短几年的时间，熊猫直播就因资金短缺、经营不善等各种问题倒闭了。当初承诺给员工的十几万股权，最后变得一文不值。年轻一些的员工还能换家公司重整旗鼓；35 岁以上的中年人却在熊猫直播倒闭后彻底失业，不被任何互联网企业青睐。我朋友老李就感叹，假如当年没从老东家 360 离开，现在好歹也是个技术总监了。而现在的他，经历了半年多的失业后，不得不接受只有原来工资三分之一的工作。谁让他当年被“公司一准能上市”的高回报给诱惑了呢？

### 缺乏完善的培训体系

很多小公司和初创企业连起码的“生存”问题都没解决，对员工的培训更是无从谈起。公司成立之初，人力资源部最重要的职责就是招聘员工和发工资。不要说小公司，连很多中型公司都没有专门负责培训和组织发展的 HR。

小公司的思路也很容易理解。招聘来的人不少是临时落脚，公司离职率高，很难留住人，好不容易培养了一个人才，看到外面的机会好、工资高时，有极大的概率会跳槽，因此没必要花这笔冤枉钱去培养员工。只要招来的人能上手工作，至于未来能发展到哪一步，小公司往往顾不上那么多。

大公司常常把发展培养员工当成重要的工作内容，不惜投入血本，主要是因为他们相信公司有足够大的发展空间留住员工。再说了，大公司发展了几十年，培训体系、人才发展体系非常健全，有专人负责，每年花在人才培养方面的预算也早早审批了下来。这种文化的传承和体系的搭建，不是小公司一朝一夕就能完成的。个人的进步，一大部分取决于所在的组织。当组织缺少学习的氛围和合适的培养机制时，单凭员工一己之力，要不断进步，难度还是很大的。

# 第31章 自由职业者看上去很美

有首诗写道："生命诚可贵，爱情价更高。若为自由故，两者皆可抛。"由此可见自由的可贵。

"自由"二字对当下的年轻人有巨大的吸引力。有不少人怀着对自由的憧憬告别了稳定的全职工作，开始了自由职业者的生涯。

当年在辞职信上写下"世界那么大，我想去看看"的女教师，何等潇洒，让人无比艳羡。

在我们父母那一代，"自由职业者"几乎等于无业游民，敢于尝试的人无异于离经叛道。可是现在，越来越多的人加入了自由职业者的行列。其中最为集中的职业是艺术工作者，像画家、设计师等。作为有一技之长的手艺人，他们无须依靠公司帮他们揽活儿，自己便能找到客户，靠自己的手艺就能养活自己。朝九晚五的坐班工作反而会限制他们的创造力，影响他们的灵感发挥。公司内部复杂的人际关系、烦琐的流程也让他们烦恼，只有自由职业者的工作能够让他们充分释放个性和创造力。

除去艺术领域的自由职业者，受IP产业兴起的影响，很多微博博主、微信公众号的运营者、直播平台的主播，也陆续加入了自由职业者的大军。看着他们动不动几十万、上百万的流量，以及成为"网红"后"粉丝"经济带来的可观效益，许多人也心痒痒地加入了进来。

现在还有一大批人做起了"数字游民"，只要有一台笔记本电脑，他们便可以在世界各地工作。这些人里有IT工作者、互联网新媒体写手、编剧、主播等，甚至还有在互联网上教学的英语老师等，职业五花八门。得益于互联网的便利支持，年轻人不必被圈在一个固定的物理空间内，风景优美的海边、人来人往的咖啡馆，都可以成为他们的办公地点。

不必看老板和客户的脸色，更不用在上下班高峰期赶着去挤公交、地铁，工作地点不受限，时间自由，自由职业者的工作看上去很美。揭开自由职业者看似风光的表象，他们的真实工作和生活究竟是什么样的呢？什么人更适合做自由职业者呢？

## 1 做自由职业者的好处

能让自由职业者一往无前的最大动力就是“自由”本身。

令很多按部就班工作的人苦恼的是，常常要去做一些自己不喜欢而又不得不做的事情，在每天的忙忙碌碌中失去了自我，不知自己到底有什么价值。自由职业者则选择的是一份可以完全由自己做主的工作，既然是自己主动选择的工作，至少可以保证工作领域和方向是自己喜欢的，而不是因为老板喜欢、父母强迫才去做。这种时间和工作上的自由，能让人获得一种极大的自主权和对人生的掌控感。

也有一些人是从工作和家庭平衡的角度考虑，希望做了自由职业者后能有更多的时间照顾家人，发展自己的兴趣爱好，提升人生的幸福感。至于收入是否增加，反倒没那么重要了。在时间安排合理的情况下，这样的目标不难实现。

我有不少做自由职业者的朋友，他们在找到适合自己的工作节奏后，也达成了工作、家庭平衡的目标。

我以前所在咨询公司的女同事薛毅然，因为咨询公司压力大，又经常加班，总是没办法照顾孩子，她一直心有愧疚。等到孩子上了幼儿园，她正式离职做起了自由职业者。

薛毅然借助多年积累的人脉，陆续接到了给一些企业客户做咨询的项目。这样既保持了自己在职场持续工作的良好状态，也获得了一段时间内的固定收入，衣食无忧。后来知识付费火起来了，她抓住时机做个人品牌，先是在“在行”为学员提供职业发展方面的咨询，成为“在行”最早一批百单行家。有了一定名气后，她又在线上和线下开设了与职业发展相关的课程，又积累了一批用户。慢慢地，她接到了越来越多的客户咨询的邀约，收入也渐渐和原来的工作持平。凭借在职业发展咨询领域积累的众多案例和课程口碑，她更是获得了在知识付费的头部公司“得到”平台讲课的机会。至此，她达到了事业的一个新高峰，而这期间她的时间相对自由，也陪伴了孩子。这份自由职业者的工作，她做起来越来越游刃有余，还实现了事业和家庭兼顾的目标。

## 2 自由职业者适合你吗?

### 做不到自律的人，不适合做自由职业者

如果你不是一个足够自律的人，我劝你还是不要做自由职业者了。自由职业者是最考验一个人的自制力和自控力的工作。

在没人监督时，如果你常常出现下列状况，那说明你的自制力还很欠缺。

- **每天都是熬到后半夜才睡，第二天中午才起床。**
- **工作总是要拖到最后一刻才能完成。**
- **说了很多次减肥，但是一看到奶茶、烧烤等美食就完全管不住自己。**
- **年初买的健身卡，总是找各种理由逃避去健身房，结果半年过去了。一共也没去几次。**
- **临睡前本来想看看书，却又刷起了手机，不知不觉就过去了两个小时。**

这样的人一旦缺少了工作中他人施加的压力，就很容易放松自己，工作效率和完成度都会大打折扣。相较而言，自律性强的人，不管有没有人要求，他都会把自己的事情按时完成，即使成为自由职业者，也不会有太大改变。比如村上春树，

他每天晚上9点睡觉，早晨4点起床，天天坚持写作和跑步，风吹雨打绝不改变，这才保证了30多年持续稳定的高质量的产出。反之，没有这样的自律，在工作上“三天打鱼，两天晒网”，想休息就休息，一个懒散到没办法持续产出的人，在自由职业者这条路上也坚持不了多久。

### 工作和生活密不可分

很多人在企业上班时，自己没有话语权，常被老板要求加班，忙到没有个人时间，于是总幻想有一天能实现工作和生活的平衡。而真相是，自由职业者的工作和生活变得更加密不可分，界限不像在公司上班时那么清晰，而是彻底融为一体。

成为自由职业者后，你是自己的老板，虽然工作时间灵活，但是你的状态却不一定时时都很好。原来在企业工作，到点下班，你就迫不及待地把工作丢在一边，出了公司就彻底不想工作的事。可是当你给自己打工时，就没有下班的界限了。有的人在深夜才有灵感，不用谁来逼，也会爬起来认认真真画图，连续奋战好多天一点也不奇怪。以前还有周末和节假日，自己给自己干以后，只要时间紧张、客户要求高，周末和节假日工作就是家常便饭，没有了工作日和休息日的区别。

### 心理承受能力要足够强大

没有了归属单位，也就没有了固定的收入来源，自由职业者的社保、公积金等也没办法缴纳，这让很多人心里不踏实。对于天生追求稳定、害怕风险的人来说，这种有上顿没下顿的日子，会让他们很没有安全感。所以，要不要去做自由职业者，先看看自己有多大的风险承受能力，要是抗风险能力很弱，就还是老老实实在企业打工吧。

我有一个朋友名叫K，原来在知名企业做平面设计师，他厌倦了大公司的官僚斗争和死板的管理体系，辞职后做起了自由职业者。K在行业内已经积累了十几年，也有一些客户资源，因此也陆陆续续接到一些设计工作。但是这样的日子持续了不到一年，他还是去了一家互联网公司做设计总监了。问及原因，他苦笑着说“都是生活所迫，不得不向现实低头。现在上有老下有小，家里还有房贷，每个月固定开支就有好几万。自己干虽然时间上灵活，但是毕竟收入不稳定，压力太大了。再加上新的公司发展前景好，有优于市场水平的薪酬待遇，还有股票期权，变现后也有不菲的收入。”比较之后，他就暂时放弃了做自由职业者的计划。期许以后有了更多的财富积累后，再去追逐理想和自由。

### 没有共事的伙伴，忍受不了孤独

有人天生爱热闹，喜欢社交，和朋友们在一起热热闹闹的时候就很开心；在工作中也喜欢和他人一起合作，遇到问题了和同事多交流切磋，没事时还能聊聊天，打发苦闷的时光。对于这种社交倾向明显的人来说，没有伙伴的自由职业者的工作，每天一个人默默承担孤单寂寞，也会让他们很难坚持。这更多的是天性使然，如同有人外向有人内向一样，有的人天生就不爱社交，宁可“宅”在家里很多天都不出门。这样的人往往更适合做自由职业者，相比和他人协作，他们更享受独处的时光，他们不把孤独当成困扰，反而乐在其中。

### 一旦启程，就没有后悔药

给企业打工时，如果不是期望快速升迁，而是只想混混日子，其实并不难。按时按点上下班，踏踏实实完成领导安排的工作，日子大多平淡无奇，没有任何惊心动魄，当然也没有太多惊喜。

单干时就要全部由自己操心了。你成了真正的 CEO、CFO、CTO……一个人要负责所有的销售、市场推广、生产，甚至包括财务、IT 等所有事情，对个人能力提出了新的要求。以前只要干好自己职位上那“一亩三分地”的活儿就可以，现在却要像管理一个企业一样，方方面面都要一个人来操心。

前文中的 K 也提到这一点。在出来单干后，什么事情都要自己操心，亲力亲为，工作强度虽然不大，但是压力却增加了好几倍。而这种压力还是持续性的，并不会因为周末和节假日就能彻底放松。天天都是如履薄冰的状态，生怕做完这单，下一单就不知道是什么时候了。这种来自精神上的压力，也是很多人难以持续做自由职业者的原因。

自由职业者还面临另一种风险，很多人一旦习惯了做自由职业者，便很难回归企业去打工。一方面，做自由职业者能够自己掌控时间、把握进展，也不太需要他人的管束和配合。回归企业要重新调整状态，很难适应束手束脚的工作状态。另一方面，企业在招聘时也会看应聘者有多久没有在企业中工作，如果时间太久，企业也会担心应聘者习惯了自由职业者的工作后，很难和其他人配合，担心自由职业者动不动就想着重获自由。

最后总结一下，来看看做自由职业者有哪些风险和损失。

- **收入不稳定，时好时坏，少则几天，多则几个月可能收入都很低（甚至没有收入）。**
- **工作量起伏较大，忙时常常没有周末和节假日。**
- **没有工作伙伴，长时间忍受独自工作的孤独。**
- **所有的事情都要自己操心，要花很多时间来做自己不擅长的事情。**
- **长时间做自由职业者后，回归企业会比较困难。**

要是上述种种你都能承受，那么至少可以去尝试一下。至于能做多久，就因人而异了。个中滋味，更是“如人饮水，冷暖自知”。

# 第32章 遭遇职场滑铁卢，如何从头再来？

工作上的至暗时刻，恐怕就是把一个特别重要的工作搞砸了。

丢了一个重要客户，老板说你今年的奖金没了；搞砸了一次演讲，被同僚讥讽嘲笑不说，严重的话还可能被公司辞退；算错了一个数据，导致整个项目失败，几十万元投入打了水漂……这样的“滑铁卢”经历谁都不希望碰上，但是万一赶上了，先别急着“引咎辞职”，要先看看是否有机会从头再来。

## 1 从哪里跌倒，就从哪里爬起来

很多人在遭遇职场失败时，做的第一件事情往往是找领导辩解，尽量撇清责任，以为不是自己的过错领导就不会开罪。结果呢？领导并不会因为你的辩解就原谅你，该罚的还是会罚。这是因为，不管导致事情失败的原因是什么，只要这个事情是领导交代你去办的，由你负责，那么你就是第一责任人。

不排除在事件的整个过程中有别人的过失，或是有客观因素的影响，但是不管怎样，作为负责人，一定要有能担当的勇气和责任感。领导首先希望看到的是，你在失败之后的态度是否端正。勇于认错，是面对失败要做的第一件事。

有一次，我的团队中出现了一个很严重的失误。在给员工发放养老金时，比正确的金额多发出去好几万元。在一个注重流程、严控风险的外企里，哪个环节出现了错误都是很容易被发现的。

当时经手的有两个人——Grace 和 Lily，都是刚工作不到两年的新人，经验和能力类似。在问题被发现以后，Grace 第一时间找到我，承认是她的一时大意，不小心误删了表格中的一个公式，导致结果出现了问题，她愿意为此承担责任。Lily 负责数据最后的核算，当我追究责任时，她一口咬定计算方法她都是按操作手册执行的，自己没有任何问题，对本应该由她仔细核查，她却没有发现问题的过错一概不提。Lily 说是因为 Grace 改了公式才导致结果错误，还指出 Grace 平日工作不认真、干活拖沓等种种问题。

这件事情其实双方都有责任，因为提交的结果两个人都要签字。相比之下，老老实实承认错误的 Grace，更让我心里踏实。我所在的薪酬福利部门，日常工作涉及大量计算，影响每一个员工的切身利益。没有谁能保证一点错误都不出，怕的就是面对问题，有人连承担责任的勇气都没有。遇到问题后只知道推卸责任，精于算计，不务正业，这是最令人担忧的。

所以，一旦问题出现，千万别自以为随便搪塞几句就能“大事化小，小事化了”。孙猴子再怎么折腾，都翻越不了如来佛祖的五指山，对全局尽在掌握的领导，就算你不认错，他也能了解到真相。只有老老实实认错，及时补救，才能消除领导面对问题时的火气，降低事件带来的负面影响。

## 2 找准原因，打一个漂亮的“翻身仗”

坦承错误不代表问题彻底解决，还要从失败中总结经验教训，展示你是善于自省、能够不断进步的人。只有你对失败有了清醒的认知，并且知道未来如何防范风险，避免重蹈覆辙，领导才会放心地把下一个重要任务交给你。

一个犯了错还不知道如何改进的人，哪怕态度再好，领导也会认为“孺子不可教”，不敢再给你类似的任务。因为不知道问题在哪儿的人，下一次同样的工作还是会搞砸。

去找领导检讨错误时，还应该准备一个改进方案，让领导重新建立起对你的信心。

下面来看一个遭遇重大失误后堪称完美的“打翻身仗”的例子。

1990 年，美国的哈勃太空望远镜升空，这是美国宇航局耗资 17 亿美元，历时 15 年，经过上万人的努力才完成的项目。然而，在发射之后，众人很快就发现镜片有瑕疵，这一万众瞩目的项目瞬间宣告失败，成为一个大笑话。

经过调查委员会的调查，发现哈勃望远镜出现问题的根源竟然是领导失职。镜片承包商与 NASA 管理者之间的敌对情绪，导致前者在出现技术问题时不愿通知后者，因为他们厌倦了被指责。

查理·佩勒林博士是天体物理学家，当时是哈勃望远镜项目的总指挥。他对这一发现惊讶不已，他没有想到领导力缺陷也会给项目带来如此大的影响。查理博士后来带领团队筹集资金，又用了 4 年的时间，完成了在太空中对哈勃望远镜的修复，至今，哈勃望远镜还在为人类服务。

由于深受领导力对哈勃事件影响的启发，在完成哈勃望远镜修复项目后，查理博士开始致力于对领导力的研究，结合自己在管理上的成功和失败经验，发明了 4D 系统，用于改进企业的绩效，提升个人、团队的领导力。退休以后，查理博士转赴科罗拉多大学商学院教授领导力。由于这套系统的实效，查理博士的课程被多家企业引进，包括中国的航天队伍。他写作的《4D 卓越团队：美国宇航局的管理法则》一书，也被称为是与《高效能人士的七个习惯》相媲美的管理学经典书籍。

## 3 弄明白“醉翁之意不在酒”的深意

一个真正有智慧的领导，对下属的信任来自日常点点滴滴的积累，不会因为一件工作失误就把某人打入“冷宫”。如果你感觉领导有意无意地表现出对你的不满，借着一个小小的失误小题大做，那么这时候应该警醒，领导可能早就看你不顺眼了，于是借着问题大做文章。

察言观色也好，旁敲侧击也好，先要搞明白领导不满意的真正原因是什么。跟领导谈话，要弄明白"醉翁之意不在酒"的深意。要是只知道傻乎乎地承认错误，却没明白领导的真正意图，就只会跟领导的意思背道而驰，越走越远。

> 小李是A公司的销售代表，某天在接待一位重要客户时，由于跟市场部的沟通不到位，导致客户对参访非常不满意。活动结束后，小李的领导陈总并没有指责小李接待不力的问题，反而问了关于客户的一些情况，并认真地做了记录，其中好几次皱起了眉头。这时小李才意识到，陈总反复询问关于客户的一些细节问题，是因为自己一直没有跟陈总详细沟通客户的情况。陈总对这个客户的不了解和不熟悉，才是让客户在参访时认为自己不被公司重视的真正原因。而陈总的不满，也来自小李没有看清楚这个大客户在陈总心中的地位，更没有花心思多向领导请示汇报。

想明白了这层原因，小李事后把客户的情况摸得一清二楚，并且给陈总提交了书面的分析报告，后来又及时把这个客户的进展向陈总汇报，时不时让陈总给一些建议，帮忙争取资源。时间一长，陈总感受到了小李对这个客户的认真和上心，也对一切有了掌控，自然在赢得客户这项工作上给了小李很大的支持。没过多久，小李就在陈总的帮助和提点下重新赢得了这个大客户。有了这层默契，陈总对小李更加信任了。

没有挫折就没有成长，职场上的一帆风顺并不是件好事，谁也不能保证自己在工作中一点错误都不犯。领导也是从一次次失败和错误中走过来的，所以不要害怕失败。领导担心的是你经历了失败和挫折后，却没有获得成长，依然像第一次犯错那样天真和无知。那么，再宽容的领导也没有耐心一次次地给你机会去试错。

遭遇失败后找到原因并认真改进，经历挫折后总结经验教训，经常反省，多做复盘，才能不断精进。多年以后，你一定会感激当年经历的这些挫折，让你成了更好的自己。

## 本篇 小结

大公司和小公司各有利弊。大公司平台好，但竞争激烈；小公司灵活，但风险大。选择时要看是否与自己的职业发展规划和个人性格相匹配。

自由职业者看上去自由，但实际上对个人自制力和工作能力有更高的要求。一旦选择成为自由职业者，工作和生活就密不可分，而且再想回归打工者也有一定的难度。

遭遇职场挫折和失败并不可怕，重要的是在挫折之后能够找到失败的原因，积累经验教训后重新开始。

## 本篇 练习

**练习一：**你现在是在大公司任职还是在小公司任职？在白纸上列出现就职公司的优势和劣势，评估自己适合大公司还是小公司。

**练习二：**回想一个你曾遭遇过的职场失败的案例，分析失败的原因，记录自己从中吸取了什么样的经验教训。